四旋翼飞行器

飞行控制系统设计与数学仿真

徐 军 杜曼曼 张卫忠

—— 编著 ——

化学工业出版社

·北京·

内 容 简 介

本书基于飞行动力学和控制的理论和方法，研究了四旋翼飞行器飞行动力学和飞行控制系统的有关理论和设计问题。其主要内容包括基于动量法的性能计算、刚体动力学运动方程、平衡特性、小扰动线性化方程和运动稳定性等基本的飞行动力学问题；在上述基础上，对于悬停、垂直飞行和前飞三种飞行状态，研究了其飞行控制系统反馈结构原理并给出了详细的系统设计方法，以及对一架具体的四旋翼飞行器进行飞行控制系统设计和数学仿真。

本书适合从事多旋翼飞行器研究和制造的专业工作者、有关专业的研究生和本科生，以及广大爱好者参考使用，亦可作为高等院校的教科书使用。

图书在版编目（CIP）数据

四旋翼飞行器飞行控制系统设计与数学仿真 / 徐军，杜曼曼，张卫忠编著. -- 北京：化学工业出版社，2025. 8. -- ISBN 978-7-122-48335-5

Ⅰ. V275

中国国家版本馆 CIP 数据核字第 2025MH4372 号

责任编辑：张海丽　　　　　　　　　　　文字编辑：张　宇
责任校对：王　静　　　　　　　　　　　装帧设计：刘丽华

出版发行：化学工业出版社（北京市东城区青年湖南街 13 号　邮政编码 100011）
印　　装：河北鑫兆源印刷有限公司
710mm×1000mm　1/16　印张 13¼　字数 253 千字
2025 年 8 月北京第 1 版第 1 次印刷

购书咨询：010-64518888　　　　　　　售后服务：010-64518899
网　　址：http://www.cip.com.cn
凡购买本书，如有缺损质量问题，本社销售中心负责调换。

定　　价：88.00 元

多旋翼飞行器是指飞行器采用多个旋翼（至少四个旋翼），并使之实现可控的空中飞行。对于目前广泛使用的多旋翼飞行器来说，其旋翼的个数一般是偶数，如四旋翼、六旋翼和八旋翼等，同时各个旋翼绕飞行器质心呈对称布局形式。

由于多旋翼飞行器结构简单，旋翼、驱动装置和控制元器件及微型化的传感器可以非常方便地从市场上获得。特别是开源的飞行控制系统软件和硬件，使得多旋翼飞行器在最近几年得到飞速的发展，在军事、工业和农业以及其他领域得到了广泛的应用。可以说，自从莱特兄弟发明飞机以来，从来没有一种飞行器像多旋翼飞行器那样得到如此广泛的应用。

从李雅普诺夫运动稳定性理论来看，自然多旋翼飞行器在小扰动运动情况下，其力和力矩平衡（配平）是一种中立稳定的平衡状态。这就导致了对自然多旋翼飞行器操纵的困难，且无法实现"到手即飞"的目标。而引起中立稳定的主要原因是：目前多旋翼飞行器采用的是无铰定距螺旋桨作为旋翼，那么其桨叶无法进行有效的挥舞运动而产生阻尼运动；另外则是无气动部件（如机翼）来产生足够大的气动阻尼力矩。为了使得多旋翼飞行器的操纵变得有效且简单容易，那么就必须采用飞行控制系统来改善自然多旋翼飞行器的动力学特性。

本书采用飞行（动）力学和飞行控制专业的理论和方法，对多旋翼飞行器的动力学特性、性能计算和飞行控制系统设计等理论问题及数学仿真进行全面的阐述。其目的是为从事多旋翼飞行器研制工作和理论学习的读者，提供多旋翼飞行器的飞行（动）力学理论以及操作性强的飞行控制系统理论设计和数学仿真方法，着重在于解决"为什么"和"如何去做"的理论问题，以应对在研制中需要面对的关键和重大的理论问题，并提供解决方案。

本书的研究对象是旋翼绕质心非对称的四旋翼飞行器，即四个旋翼绕质心，分别对称于机体纵向对称平面（亦是机体坐标系的 $O_bx_bz_b$ 平面）布局。这种旋翼布局显然更具有一般性，并且这种非对称性可以给复合翼飞行器提供更为灵活的气动布局。本书的内容可以推广到六旋翼、八旋翼甚至更多偶数个旋翼布局的飞行器，其中既包括旋翼绕质心对称布局的飞行器，也包括旋翼仅与机体坐标系平面对称布局的飞行器。

本书共有 10 章内容，是集体合作的作品。其中，第 1~10 章中的主要内容由北京理工大学徐军撰写；书中飞行控制系统设计实例和数学仿真工作以及内容撰写均由滇西科技师范学院智能与控制学院的杜曼曼老师完成；实例中的四旋翼飞行器的非线性运动方程、小扰动线性化方程和传递函数等数学模型的部分计算工作，是由北京理工大学空天科学与技术学院张卫忠老师完成。滇西科技师范学院智能与控制学院的何星宇老师对本书内容进行了仔细校对和编辑，李鑫老师绘制了四旋翼飞行器的三维立体图；书中的其余插图是由北京理工大学空天科学与技术学院余振欣同学绘制完成。在此感谢他们的辛勤付出。本书的定稿是第一作者徐军在滇西科技师范学院支教期间完成的，在定稿工作中得到了智能与控制学院领导的全力支持和帮助，在此表示感谢。

本书的主要内容，是作者在设计一架四旋翼/固定翼的复合翼无人飞行器时所遇到的问题及其解决方法和研究心得。本书的写作是各位作者在没有相关基金支持情况下利用业余时间完成的，因此特别需要感谢帮助此书出版的所有人士，正是由于他们的努力才能使本书完成并起到对社会有益的作用。如果本书的内容能对多旋翼飞行器的研制人员有所帮助，或者对入门者及感兴趣者有所启发，那么作者将倍感欣慰。

谨以此书献给那些至今对科学仍抱有强烈兴趣，并愿意为之无偿付出的人们！

徐军
2025 年 2 月

Contents 目录

第 6 章

姿态角控制

106 ——————

第 7 章

**垂直速度和
高度控制**

124 ——————

Chapter 1

第**1**章
多旋翼飞行器现状、发展
及本书内容

近二十年来，多旋翼无人飞行器（以下简称多旋翼飞行器）得到了极大的发展[1-12]：从最初仅用于科学研究的工具和玩具，到目前已经在军用和民用航空领域得到了广泛的应用；从微小型的无人飞行器到今天大型可载人的有人驾驶飞行器。这表明多旋翼飞行器在技术和市场上取得了成功。

多旋翼飞行器的历史可以追溯到 1907 年，法国人布雷盖制造了第一架四旋翼飞行器，但直到 20 世纪 50 年代中期，四旋翼飞行器才真正实现了空中飞行[9]。其后虽然继续进行了研制，但由于当时的技术能力限制，多旋翼飞行器研制的经济性并不如单旋翼的直升机那样好，再加上单旋翼直升机执行任务的能力也完全能替代多旋翼飞行器，因此在这之后，多旋翼飞行器的技术方案基本被放弃了，并很少被关注。

直到 20 世纪 90 年代，由于微机电技术、无刷电机、大规模集成电路及高能量密度电池技术取得了长足进步，因此基于电驱动的多旋翼飞行器开始得到新的重视，并首先应用于玩具行业。而自 2005 年以来，由于基于微机电技术的微型惯性传感器开始普及，同时直流无刷电机技术和电子速度调节器的集成化愈发成熟，大量的货架产品降低了多旋翼飞行器的组装技术门槛；同时飞行控制系统软件代码的开源，使得多旋翼飞行器的研制变得容易了；并且由于飞行控制系统使得多旋翼飞行器的操纵变得简单，因此大量的微小型多旋翼飞行器快速进入市场，并得到了充分的普及。

从目前已有的产品上来看，多旋翼飞行器的起飞质量从几十克一直到几百千克级甚至吨级[7,8]，旋翼的个数从四个一直到八个甚至更多，而且随着起飞质量的提高，旋翼的直径也在增加；并且旋翼一般都采用定距螺旋桨，同时由于进入了民用市场，相关的适航规范也被制订并发布。可以说，多旋翼飞行器在目前已经进入了一个新的阶段，也就是向着大型化发展。

必须看到，当前采用电池作为动力能源的多旋翼飞行器有着固有的技术瓶颈：一是电池的能量密度较低，导致飞行时间和飞行半径受限，有效载荷较小；二是旋翼桨盘面积小，其载荷比较大，从而飞行时单位起飞质量的需用功率较大，且旋翼下洗速度较大，其地面反射气流对起飞离地过程中的飞行器姿态有较大影响；三是飞行速度小，这是旋翼飞行器的共同特点，再加上多旋翼飞行器是依靠整个机体姿态的改变来获取飞行速度的，因此其飞行时旋翼翼尖可能产生的激波将影响到速度的进一步提高；四是，对于自然多旋翼飞行器（即没有飞行控制系统的多旋翼飞行器，只有旋翼升力系统、操纵装置、机体结构以及遥控接收机）来说，在转动运动过程中缺乏气动阻尼或气动阻尼过小，导致姿态控制困难，因此必须在装备有飞行控制系统后，才能实施有效和安全的飞行或真正做到"到手即飞"。

从目前的解决方案上来看，采用混合动力来取代电池可以有效地解决飞行时间和飞行半径较小的问题，即对于需要进行长航时和飞行距离较远的多旋翼飞行器，可以采用以化石能源作为燃料的发动机来驱动发电机发电以取代电池；另外就是使用涵道风扇技术，来提高旋翼升力系统的效率以降低旋翼需用功率。尽管涵道可能会增加飞行器的重量，但由于复合材料技术的快速发展，与所获得的性能相比，其所增加的重量将可能是值得付出的。而目前出现的"翼扇"技术实际就是一种涵道高度与机翼厚度相当的涵道升力风扇，这种技术在国内已经得到了发展和实际应用。

为了提高飞行速度，将旋翼飞行器与固定翼飞机进行结合，从而产生了新的复合翼飞行器，其旋翼飞行器的功能仅仅用于起飞和降落，而在巡航飞行时则采用固定翼飞机的飞行方式。这一方面可以提高飞行速度，另一方面可以充分利用空气动力所带来的好处，不但降低了巡航时的需用功率，而且能增加飞行距离和留空时间。

关于飞行控制系统的问题，对于多旋翼飞行器来说是至关重要的，可以说如果没有飞行控制系统的话，多旋翼飞行器无法进行有效的可控飞行。有些飞行器能完成任务飞行的目的，而无法进行可控有效飞行，其原因在于多旋翼飞行器的姿态运动的特殊性。由于多旋翼飞行器没有前飞气动部件（如机翼），其飞行完全依赖于旋翼，而旋翼又采用的是无法操纵桨距的定距螺旋桨，因此桨叶只能进行有限的挥舞运动或者根本无法使得桨尖平面出现有效的倾斜，故而在姿态运动时，就无法产生足够大的阻尼力矩。这样就导致了姿态角速度随旋翼转速的输入呈现按积分特性的变化（这一特性在本书的第 5 章有充分阐述），同时质点运动也表现为同样的积分特性。这就给操纵带来了很大的困难，需要有非常高超的技巧才能完成有效的飞行控制，这显然与所谓的"到手即飞"的目标要求相差太远了。

人类的飞行经验主要来自固定翼飞机，并且这种操纵经验形成了对飞行器操纵的固有方式，即主要是对姿态运动的操纵和控制，且飞行器应能对操纵进行快速的响应并跟随操纵，而当操纵消失后，飞行器应能保持稳定。从飞行动力学上来说，固定翼飞机的操纵特性是通过对姿态运动或转动运动的操纵来实现对质点运动的控制[13]。对于姿态运动来说，其动力学对其输入的控制指令具有快速跟踪的响应能力，并且应该是渐近稳定和快速收敛的。若响应是振荡收敛的，那么姿态运动还应有良好的运动阻尼以及能被操纵者所适应的姿态角振荡收敛频率。而对其后所产生质点运动的响应，一般要求响应是收敛和稳定的；如果不是稳定的，那么要求其运动响应的倍幅时间应较长或发散速度要较慢，从而让操纵者有足够的操作反应时间来对运动进行修正操纵。上述要求反映在姿态运动动力学特性上，也就意味着飞行器的纵向运动或横侧向运动至少是由两个运动模态所组成：一个是快速收敛的运动模态，该模态表示了刚体转动运动受扰后的力矩再平衡过程；另一个则是缓慢收敛或发散的模态，该模态表示了质点位移运动受扰后力的再平衡过程。

显然，对于自然多旋翼飞行器来说，若想具有上述的动力学特性，就需要通过飞行控制系统来重构多旋翼飞行器的动力学响应特性。也就是说，由飞行控制系统和多旋翼飞行器组成一个新的动力学系统，而这个新动力学系统则具有类似固定翼飞行器的动力学响应特性，这样就可以解决对自然多旋翼飞行器操纵困难的问题，并使其真正具有"到手即飞"的特性成为可能。事实上，使用飞行控制系统来改善自然飞行器动力学特性是一种历史悠久的方法[13,18]，具有成熟的理论和实践，然而这对飞行控制系统的可靠性则提出了新的挑战。

多旋翼飞行器的快速发展，也得益于广泛的飞行控制系统的开源软件代码[7,8]，这为降低研制多旋翼飞行器的技术门槛和普遍化的应用奠定了关键的基础。在这些开源的软件代码中，飞行控制系统的控制律结构是固定的，使用者只需要进行设定参数的工作。由于大量的微小型飞行器的起飞质量和几何尺寸是相似的，因此总能够从已有的且能成功飞行的多旋翼飞行器资料中找到控制律参数，所以研制者可以参考这些参数并进行适当的调整或对开源软件进行适应性修改，即可实现成功的飞行。同时又由于大量的多旋翼飞行器主要是玩具性质的，它们的控制律结构和参数并不是研制者主要考虑的问题；即使应用在民用市场的多旋翼飞行器，研制者把主要精力也放在了如何应用的问题上，而飞行控制软件则来自开源的软件代码，这一方面可以降低研制成本，另一方面则能够将产品快速市场化。

由于上述的一些原因，我们必须关注以下的一些重要问题：为什么需要飞行控制系统？它是如何改变自然多旋翼飞行器的动力学特性的，而自然多旋翼飞行器本身又有哪些特性？旋翼升力系统的设计依据是什么？有关设备选型的依据是什么？也就是说，尽管多旋翼飞行器主要起源于玩具市场，然而在进入工业或其他民用领域，特别是进入军用领域后，就必须按照有关航空产品的要求和规范进行研制，这样就需要给研制者提供必要的理论支撑，这也是写作本书的目的之一。

如果要系统性地回答上述的问题，则需要从飞行动力学出发来进行研究，依据所建立的多旋翼飞行器动力学方程来研究其运动性质，利用控制理论来改善其运动的响应特性，这也是基本的飞行动力学和控制的研究思路和方法。尽管对于多旋翼飞行器建立的运动方程存在误差，但直升机研究的经验说明基于动力学运动方程的理论研究方法是可行的，也是能够指导工程实践的[14,15]。而在另一方面，即使航空科学与技术发展到目前的先进水平，传统的飞行动力学和控制的理论方法仍是大气层内飞行器研制的强大基础，当前甚至在未来很长的时间内仍然不会有可以取代它的新理论和新方法出现。而基于传统的飞行动力学和控制的理论方法，对多旋翼飞行器进行研究的内容和成果则非常少，这将特别不利于在型号研制中非常重要的有关稳定性和操纵性的研究和计算，也不利于不依赖开源代码的飞行控制系统的研制。特别是对于非常规的、旋翼绕质心非对称布局的多旋翼飞行器来说，目前采用开源代码的飞行控制系统是无法解决其飞行控制问题的。

本书就是基于上述传统专业方法进行研究的成果。由于四旋翼飞行器是多旋翼飞行器的基本构型[1,4]，故而本书将四旋翼飞行器作为对象进行研究，且该四旋翼飞行器的旋翼布局绕质心是非几何对称的，这样的四旋翼飞行器则更具有一般性。特别是这种不对称布局，对目前得到重视的复合翼飞行器来说具有重要意义。复合翼飞行器采用了四旋翼或多旋翼与固定翼组合的布局形式，对于不对称的四旋翼飞行器的动力学和控制的研究，能对复合翼飞行器的总体布局提供更多的选择和灵活性，以使得复合翼飞行器具有最好的性能。

本书的内容主要包括了四旋翼飞行器基于动量法的性能计算、刚体动力学运动方程、平衡运动特性、小扰动线性化方程和传递函数、运动稳定性以及不同模式下的飞行控制等基本和核心的问题，主要是面向从事多旋翼飞行器研制的专业工作者和广大的爱好者，提供关于四旋翼飞行器的飞行动力学和飞行控制系统的理论和设计方法，着重在于解决"为什么"和"如何去做"的理论问题，以应对在研制中可能需要面对的关键和重大的理论问题，并提供解决方案。本书的目标就是建立多旋翼飞行器飞行动力学和控制的理论和方法，同时也对飞行控制系统的理论设计方法进行详尽的阐述。

具体来说，本书包括如下的一些内容，读者可以根据需要进行选择和参考使用。

第1章，对多旋翼飞行器的历史和现状进行简略的阐述，着重于目前所存在的问题描述并提出一般性的解决思路或技术路线，特别是指出了目前对于多旋翼飞行器缺乏从飞行动力学和控制的理论和方法出发的系统化的理论。

第2章，阐述本书研究对象——四旋翼飞行器的非对称气动布局、基本组成和操纵原理，并给出基于动量法的旋翼系统基本性能参数的计算方法。这一部分内容对于多旋翼飞行器研制的初期阶段具有指导意义，它可以根据起飞质量和留空时间，初步确定旋翼系统的电机/电调、螺旋桨参数以及需用功率等参数。有了这些数据后，就可以确定和选择组成四旋翼飞行器的重要的旋翼系统设备和电池或其他动力设备了。

第3章，介绍有关建立四旋翼飞行器刚体运动方程的过程，包括建立运动方程的假设条件和将运动解耦为纵向和横侧向运动的前提条件。同时选取四旋翼飞行器悬停、垂直运动和前飞作为三个典型飞行状态，从牛顿第二定律出发分别建立力和力矩方程以及运动学方程，以全面描述三个飞行状态下的刚体六自由度运动。

第4章，依据所建立的运动方程来研究四旋翼飞行器平衡（配平）运动，包括平衡条件、机动性及速度稳定性趋势等问题，以揭示四旋翼飞行器实现平衡运动的本质问题。

第5章，将在第4章中所得到非线性运动方程，采用小扰动线性化进行简化处理以及建立传递函数数学模型的内容。该章对小扰动线性化方法以及简化处理运动方程的过程进行介绍，并在定义了旋翼转速作为输入后，建立和得到了状态方程；又利用了等效输入的概念，得到了传递函数模型。这为下一步飞行控制系统的设计和数学仿真打下了必要的基础。

第6章，介绍关于姿态角控制系统的设计问题。姿态控制系统是四旋翼飞行器飞行控制系统的内回路。它既可以直接用于姿态角的控制和稳定，也可作为位置和速度控制的内回路，因此如何构造姿态控制系统是非常关键和重要的。它决定了四旋翼飞行器的飞行控制能力和性能。

第7章，介绍高度控制的有关问题，包括垂直（升降）速度控制和高度保持控制两个方面的内容。关于垂直速度的控制可以被应用在垂直起降的过程中，而高度保持既可以用在悬停状态也可以应用在前飞或其他的飞行状态中。

第8章，讨论关于四旋翼飞行器的前飞控制和前飞过程中的协调转弯控制问题：一是研究四旋翼飞行器协调转弯的动力学过程，并建立协调转弯的数学模型；二是设计协调转弯控制系统。

第9章，介绍关于前飞时对预先设定的航路的控制和跟踪问题，包含两种实现方式：一种是采用协调转弯的形式对航路进行跟踪和控制，另一种是仅用控制滚转角的形式来对航路进行跟踪和控制。

第10章，讨论关于悬停的有关控制问题。该章着重研究在非定点控制要求下的悬停控制方案，指出采用姿态稳定控制的不足，提出采用速度控制方案来取代姿态控制的方法和优点，并研究对固定点的悬停控制问题。

在第8～10章中，均给出了四旋翼飞行器飞行控制系统设计和数学仿真实例研究内容。首先，根据一架真实的四旋翼飞行器的数据（见附录），对其垂直运动、前飞和悬停三种飞行状态，给出了非线性运动方程、小扰动线性化运动方程和传递函数；然后，根据传递函数模型以及本书所介绍的方法，对不同飞行状态下的飞行控制系统进行了理论设计；最后，使用四旋翼飞行器的线性状态方程模型和非线性运动方程模型，分别对所设计的飞行控制系统进行数学仿真并对仿真结果进行了分析确认。

这本书的主要内容，是作者在设计一架四旋翼/固定翼的复合翼无人飞行器时所遇到的问题及其解决方法和研究心得。这架无人飞行器的成功飞行表明了这些理论和方法是经过了实践检验的。这些理论和方法对于从事多旋翼飞行器研制的专业人员、有关专业的研究生和本科生以及广大飞行器爱好者具有一定的参考作用和意义，希望对他们的专业工作有所助益，以共同提高我国在多旋翼飞行器理论和技术方面的水平，希望对我国航空科学技术的进步做出贡献。

第2章
四旋翼飞行器基本组成、
原理和性能计算

2.1
飞行器的基本组成

本书的研究对象是一架可以有效操纵和控制、分布式电力驱动的四旋翼飞行器，且四个旋翼绕质心配置，但并不完全对称于质心的特征。无人系统的组成包括四旋翼飞行器本身和地面控制站两个部分。四旋翼飞行器则由以下主要的部件组成：

① 四个特性一致的旋翼；

② 四个特性一致的驱动电机/电子调速器（驱动电机一般使用直流无刷电机）；

③ 飞行控制系统（含传感器）；

④ 无线数据传输系统接收机（含遥控接收机）；

⑤ 固体电池。

地面部分一般就是地面控制站或遥控发射机，这一部分不是本书的研究内容。

四旋翼飞行器的各个设备之间的电气连接关系如图 2-1 所示，在图中也表示了设备之间的交互信息和电信号特征。

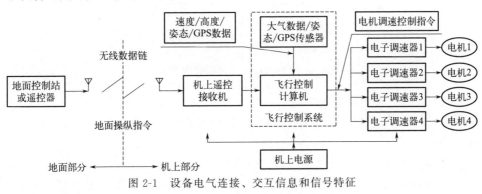

图 2-1　设备电气连接、交互信息和信号特征

2.2
气动布局特点

一般四旋翼飞行器的气动布局如图 2-2 所示。为方便起见，该图使用机体坐标系 $O_b x_b y_b z_b$ [16,18,22] 来表示四个旋翼配置的几何关系。其中，机体坐标系原点固定于四旋翼飞行器质心；坐标轴 $O_b x_b$ 位于四旋翼飞行器机体对称平面内，与机体构造基准线重合并指向前飞（或机头）方向（对四旋翼飞行器来说，机体头部可以人为地进行定义）；坐标轴 $O_b y_b$ 垂直于坐标轴 $O_b x_b$ 并指向其右侧方向；坐标轴 $O_b z_b$ 按右手定则确定［垂直于 $O_b x_b y_b$ 平面并指向下方（在图 2-2 中则指向纸内）］。x_1、x_2 和 y_1、y_2 分别是旋翼在 $O_b x_b y_b$ 平面上的几何位置尺寸。

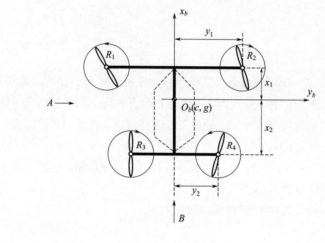

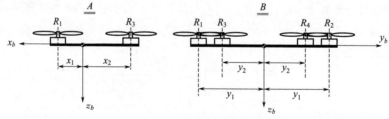

图 2-2　一般四旋翼飞行器的旋翼布局

关于旋翼的布局特点如下：

① R_1 和 R_2 旋翼位置及 R_3 和 R_4 旋翼位置相对于机体坐标系 $O_b x_b z_b$ 平面对称；

② 所有旋翼围绕质心配置，且一般情况下：$x_1 \neq x_2$，$y_1 \neq y_2$；

③ 所有旋翼在桨叶无挥舞情况下，桨尖轨迹平面（亦可认为是桨盘平面）

均位于一个平面内，且都平行于机体坐标系 $O_b x_b y_b$ 平面，这就意味着所有旋翼轴都垂直于 $O_b x_b y_b$ 平面[14,15]；

④ 质心位置位于桨盘平面下方；

⑤ R_1 和 R_4 旋翼逆时针旋转，R_2 和 R_3 旋翼则顺时针旋转；

⑥ 各旋翼几何外形尺寸和性能完全一致，且若 R_1 和 R_4 旋翼为正桨，则 R_2 和 R_3 旋翼为反桨。

显然，当 $x_1 = x_2 = y_1 = y_2$ 时，则此时四旋翼飞行器即为典型的 "X" 形布局[4,7]，即四个旋翼的安装位置相对全机质心是几何对称的。

机体由支撑旋翼电机的支撑结构及安装设备和电池的机舱组成，由于机体结构简单、飞行速度较低，其气动升力和力矩非常小而可被忽略，但需要考虑其一定的飞行阻力。

对于图 2-2 所示的一般四旋翼飞行器布局，其旋翼和机体也存在一个对称面 $O_b x_b z_b$，即旋翼几何位置和机体质量相对于 $O_b x_b z_b$ 平面是对称的，而 $O_b x_b y_b$ 则是非对称平面。

在下文中，如果没有特别说明，为便利起见，将图 2-2 所示的一般四旋翼飞行器称为四旋翼飞行器。

2.3
产生升力的方法

四旋翼飞行器产生升力的唯一方法就是利用旋翼桨叶的旋转，并且桨叶具有一定的翼型，由于旋翼没有设置周期变距机构[14,15]，就无法通过变距来改变桨叶的迎角，只能通过调节桨叶旋转速度来改变桨叶升力。若将桨叶等效为具有多个扭转角的机翼，那么就可以从三维机翼的升力原理中得到以上结论，分析如下。

升力可以写为

$$L_w = \frac{1}{2} \rho V^2 S C_{L\alpha} (\alpha - \alpha_0) \tag{2-1}$$

式中，ρ 为大气密度；V 为来流速度；S 为机翼面积；$C_{L\alpha}$ 为升力系数对迎角的导数；α 为桨叶迎角；α_0 为桨叶零升迎角。

在式(2-1) 中，对于桨叶来说，来流速度是由桨叶自身绕轴旋转，形成相对于大气的运动而产生。显然在桨叶上每个叶素的来流速度是不一致的，在桨尖处速度最大，而在靠近转轴处最小[14,15]。由于无法变距，且假定旋翼具有定常入流，那么每个叶素迎角应为常数，这样按式(2-1)，改变升力的唯一办法就是改变叶素的来流速度 V。

由于旋翼采用电机直接驱动，只要改变电机的转速就可以改变旋翼桨叶的来

流速度 V，也就能够改变旋翼所产生的合升力大小。而相关的电机调速技术成熟且容易实现，所以这种升力产生方法简单实用，这也是多旋翼飞行器采用电力驱动得到广泛应用的重要原因之一。有关旋翼升力与转速的关系将在本书后面章节中阐述。

而在另外一方面我们也应看到，采用对电机调速的方法来产生和改变升力也是存在问题的。当电机转速提高后，那么桨尖处来流速度的增大，会产生对大气的压缩性效应，并将可能引起激波阻力和增大噪声，这对桨叶的空气动力学特性是不利的。因此通过调节旋翼转速来产生和改变升力的方法，对四旋翼飞行器的性能是有限制的。那么一般的原则应该是：在四旋翼飞行器进行最大升力机动时，旋翼桨尖处的来流速度应尽量不引起对大气的压缩性效应，并以此为原则来选择电机最大的调节速度和旋翼桨叶翼型及螺距。

2.4
产生力矩的方法

若四旋翼飞行器在空中处于力和力矩均平衡的状态，那么图 2-2 中的四个旋翼中任何一个旋翼升力发生变化，都会引起对质心的力矩变化，如果将四旋翼飞行器视为刚体的话，那么就会产生绕质心的转动运动；同时由于电机驱动旋翼，当旋翼升力发生改变时，也就意味着首先出现了电机和旋翼转速的变化，从而使旋翼绕轴旋转的转矩也发生了改变，那么其反作用转矩就被施加于刚体四旋翼飞行器，使得它绕质心发生转动，其转动方向与旋翼合转矩方向相反。关于旋翼转矩与转速的关系将在后面章节中详细阐述。

例如：在图 2-2 中，假设这是一架自然四旋翼飞行器，即没有自动飞行控制系统，且机体处在平衡的情况下。在此假设下，如果仅提高 R_1 旋翼的转速，那么 R_1 旋翼的升力和转矩将同时得到增加，显然这就会使原作用于机体的力和力矩平衡被打破，从而会产生如下的运动状态：

① 在运动发生的初始阶段，由于 R_1 旋翼升力增加，四旋翼飞行器的合升力大于重力，飞行器将出现上升运动；

② R_1 旋翼升力增加后，机体纵轴 $O_b x_b$ 左右两侧的旋翼升力不对称（从机体后部向前观察，下同），从而还导致了机体绕 $O_b x_b$ 轴向右的转动运动；

③ 同样，R_1 旋翼升力增加将在机体横侧向轴 $O_b y_b$ 前后两侧出现旋翼升力不对称，发生机体绕 $O_b y_b$ 轴向上抬头的转动运动；

④ 四旋翼飞行器将绕 $O_b z_b$ 轴、向着与 R_1 旋翼相反的旋转方向转动，即机体发生顺时针转动。

而如果仅降低 R_1 旋翼的转速，则 R_1 旋翼的升力和转矩减小，因此原来的平衡被打破，从而会产生相应的运动状态。

显然，如果 R_1 旋翼转速增加（或减少）后并保持不变，那么其增加（或减少）的升力和转矩也将保持不变，若此时其他旋翼转速依然保持原来的转速不变，那么四旋翼飞行器失去平衡后的运动将是不稳定的。

因此，作用于刚体四旋翼飞行器的力矩来源有两类：一类是旋翼升力改变而引起机体绕质心转动的力矩；另一类是旋翼自身绕轴转动所产生的转矩作用于机体并使其绕质心转动的力矩，其机体转动方向与旋翼合转矩方向相反。

对多旋翼飞行器来说，无论是升力还是力矩，其来源就是旋翼自身旋转所产生的拉力，并且用升力和转矩的不对称来产生机体绕质心的刚体转动运动。这样就可以不采用依靠升力倾斜方式来产生刚体转动运动的传统方法，因而也避免了复杂的桨叶挥舞操纵机构，这也是多旋翼飞行器得到广泛使用的原因之一。

2.5
力、力矩及运动变量在参考坐标系中的表示

力、力矩和运动变量在不同参考坐标系中的表示，一方面是为了反映客观的物理现象，另一方面是为了得到简洁的运动方程形式。因此需要根据四旋翼飞行器的特点将力、力矩和运动变量表示在适当的参考坐标系下。

需要说明的是：力和力矩是定义在惯性坐标系下的，这里所谓的在适当的坐标系下表示，实际上是指将惯性坐标系下力和力矩投影或变换到该坐标系下来表示，以下均同。

假设各旋翼的升力方向都与机体轴 $O_b z_b$ 平行，且其合力也位于机体对称平面内；同时由于四旋翼飞行器没有升力部件且认为旋翼升力的变化是瞬间完成的，因此将飞行器合升力表示在机体坐标系 $O_b x_b y_b z_b$ 下是简便的；把力矩表示在机体坐标系 $O_b x_b y_b z_b$ 则是显而易见的原因，因为力矩引起的运动可以分解为绕各机体轴的转动[16]。综上所述，在机体坐标系 $O_b x_b y_b z_b$ 下的物理量如表2-1所示。

表 2-1   在机体坐标系定义的物理量和符号

物理量	机体坐标系		
	滚转轴 x_b	俯仰轴 y_b	偏航轴 z_b
转动角速度	p	q	r
飞行速度	u	v	w
旋翼合升力	—	—	L_r
气动力矩	L	M	N
绕轴转动惯量	I_x	I_y	I_z
惯性积	I_{yz}	I_{xz}	I_{xy}

注：旋翼合升力 L_r 与机体轴 $O_b z_b$ 平行且方向相反，向上为正。

在速度坐标系 $O_a x_a y_a z_a$ [16,18,22] 下，可表示四旋翼飞行器相对于静止大气的速度 V、气动阻力 D 以及绕轴转动角速度，见表 2-2，其中气动阻力 D 的方向与速度 V 的方向相反时为正。气动阻力由两个部分组成：一部分是飞行时由机体结构所形成的阻力（主要是摩擦力和压差阻力）；另一部分是每一个旋翼所产生的阻力 [14,15]，这个阻力垂直于旋翼轴且指向与飞行速度相反的方向。

表 2-2　速度坐标系定义的物理量和符号

物理量	速度坐标系		
	x_a	y_a	z_a
转动角速度	p_a	q_a	r_a
飞行速度	速度 V	—	—
气动力	阻力 D	—	—

上述有关力和力矩以及运动变量的表示如图 2-3 所示。

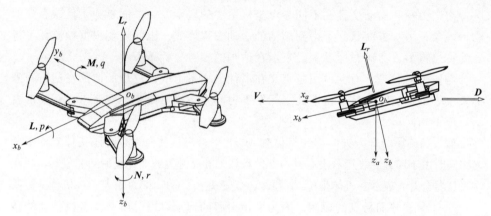

图 2-3　四旋翼飞行器所受力和力矩以及运动变量

在地面坐标系 $O_e x_e y_e z_e$ [16,18,22] 下可表示四旋翼飞行器轨迹运动变量和重力及风速，如表 2-3 所示。

表 2-3　地面坐标系定义的物理量和符号

物理量	地面坐标系		
	x_e	y_e	z_e
飞行速度	u_e	v_e	w_e
风速	u_w	v_w	w_w
重力	—	—	mg

注：重力方向与地轴 $O_e z_e$ 平行且指向地面为正。

2.6
姿态运动和操纵原理

本节及 2.7 节研究的是图 2-2 所示的四旋翼飞行器在自然状态下，也就是没有任何辅助操纵装置的情况下操纵姿态和轨迹运动的原理，或称为自然四旋翼飞行器的姿态和轨迹运动操纵原理。

刚体飞行器在空中的姿态运动主要是指其绕质心的转动。如果此时从地面来观察这种转动，那么这种运动可以用机体坐标系相对于地面坐标系的角位置关系来描述，也就是所谓的欧拉角，而在航空术语中称为飞行器姿态角。显然姿态角是以地面坐标系作为参考坐标系或固定坐标系，来观察和定义刚体飞行器绕质心的转动。

而正如 2.4 节所说明的，刚体的转动是由力矩不平衡而导致的，那么姿态运动也就是由力矩改变所产生的，而力矩的改变则依靠改变旋翼（或电机）的转速来实现。也就是说，通过控制图 2-2 中的四个旋翼驱动电机的转速，就能实现对四旋翼飞行器姿态运动的操纵，所以可以将转速作为操纵的输入指令。

具体来说，按图 2-2，前后旋翼（从机体后部向前观察，下同）升力不对称作用产生力矩，就可产生绕质心转动的俯仰运动；同样左右旋翼升力不对称作用产生力矩，并产生绕质心转动的滚转运动；而改变任何一个旋翼转速所产生的转矩，都可能会引起航向（偏航）运动。

表 2-4 给出了图 2-2 所示的四旋翼飞行器姿态运动的操纵方法。注意，表 2-4 所示操纵方法的前提是：假设了在操纵前四旋翼飞行器处于平衡状态，即四旋翼飞行器所受合力和合力矩为零，此时 R_1、R_2、R_3 和 R_4 旋翼或电机转速为平衡（或配平）转速，分别为 n_{10}、n_{20}、n_{30} 和 n_{40}。

表 2-4　一般四旋翼飞行器姿态运动操纵方法

姿态		R_1 旋翼转速	R_2 旋翼转速	R_3 旋翼转速	R_4 旋翼转速
俯仰角	$+\theta$（抬头）	$+\Delta n_{p\theta}$	$+\Delta n_{p\theta}$	0	0
	$-\theta$（低头）	0	0	$+\Delta n_{n\theta}$	$+\Delta n_{n\theta}$
滚转角	$+\phi$（右滚转）	$+\Delta n_{p\phi 1}$	0	$+\Delta n_{p\phi 3}$	0
	$-\phi$（左滚转）	0	$+\Delta n_{n\phi 2}$	0	$+\Delta n_{n\phi 4}$
航向角	$+\psi$（右偏航）	$+\Delta n_{p\psi 1}$	0	0	$+\Delta n_{p\psi 4}$
	$-\psi$（左偏航）	0	$+\Delta n_{n\psi 2}$	$+\Delta n_{n\psi 3}$	0

由于所研究的四旋翼飞行器的旋翼布局的非对称性，为了在姿态操纵时不产生或不耦合其他的运动，操纵量建议符合下述原则：

① 在进行俯仰操纵时，应保持横侧向运动的平衡；

② 在进行滚转操纵时，应保持纵向（或俯仰）运动平衡；

③ 在进行航向（或偏航）操纵时，应保持纵向（或俯仰）运动平衡。

但上述这些原则并不意味着对俯仰、滚转和偏航姿态运动的操纵不能同时进行，也就是对纵向和横侧向运动的操纵依然是可以同时进行的，只是所给出的操纵量（转速）应符合上述原则，以尽量避免操纵所引起的对其他运动的耦合。

在表 2-4 中，符号"Δ"表示增量符号，其前面的"＋"号为在平衡转速的基础上所增加的转速；"0"表示保持平衡转速不变。例如，"$+\Delta n_{p\theta}$"中的"＋"号为增加转速，其增加量的大小则为"$\Delta n_{p\theta}$"。若假定飞行器在平衡（或配平）时的 R_1 旋翼（或电机）转速为 n_{10}，则 R_1 旋翼（或电机）的实际转速 n_1 定义为 $n_1 = n_{10} + \Delta n_{p\theta}$。

在表 2-4 中还有

$$\Delta n_{p\phi1} \neq \Delta n_{p\phi3}, \quad \Delta n_{n\phi2} \neq \Delta n_{n\phi4}$$
$$\Delta n_{p\psi1} \neq \Delta n_{p\psi4}, \quad \Delta n_{n\psi2} \neq \Delta n_{n\psi3}$$

这些转速之间的关系应能保证在其操纵期间纵向运动仍保持平衡状态，即对横侧向运动（滚转和航向运动）操纵时，应不影响纵向运动或纵向运动应保持原来的运动状态不变。

表 2-4 中的操纵所引起的姿态运动如图 2-4 所示。

表 2-4 所示的操纵方法与大多数的四旋翼飞行器的操纵方法是有差异的，它并没有采用"一侧电机增加转速，另一侧电机降低转速"的方法来形成不对称旋翼升力（类似固定翼飞机的副翼）并产生绕质心的转动力矩，而是用"一侧电机增加转速，另一侧电机转速不变"的方法来形成不对称的旋翼升力，从而产生转动力矩。

其原因主要出于两点考虑：一是对于低速、低高度飞行或悬停的四旋翼飞行器，在进行机动时应保证其具有足够的能量，以防止失速或坠毁。明显地，如果在旋翼升力不变的条件下进行姿态运动，那么在重力方向将会失去平衡，从而发生四旋翼飞行器下坠的情况。二是由于四旋翼飞行器是低速飞行器，因此其机动

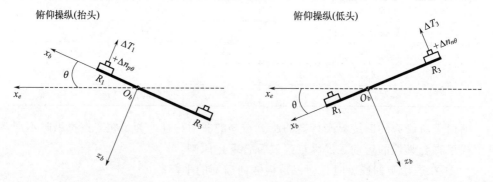

航向操纵(向右偏航)

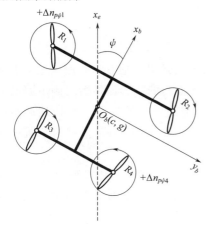

航向操纵(向左偏航)

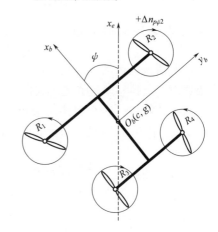

滚转操纵(向右滚)

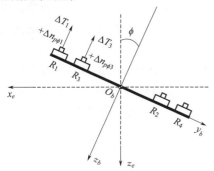

滚转操纵(向左滚)

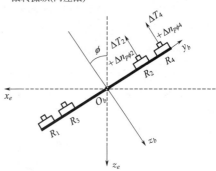

图 2-4　四旋翼飞行器姿态运动原理

性能并不是追求的目标，那么这对于姿态运动来说，就不需要用大的转动力矩来产生较大的角加速度以实现高机动性能了，特别是对于重载的运输型多旋翼飞行器来说更是如此。

显而易见，表 2-4 的操纵方法完全是针对上述考虑而设计的，仅增加一侧电机的转速的方法，非但没有降低四旋翼飞行器的合升力，反而加大了合升力，因此在姿态运动的过程中，四旋翼飞行器将不会出现高度下降现象，或仅会出现小量的高度下降现象。

尽管本书中所提出的操纵方法与目前大多数四旋翼飞行器的操纵方法有差异，但两者都符合了如下的原则：利用旋翼的不对称升力所形成的对质心的力矩，实现俯仰和滚转操纵；而用不对称的转速所产生的对质心的转矩，实现对航向的操纵。进一步说，作为刚体飞行器，其姿态运动只能通过产生力（转）矩来实现。

2.7
轨迹运动和操纵原理

所谓轨迹运动，是指质心的位移运动，其轨迹运动一般是在地面坐标系上来描述的。其位移轨迹在地面坐标系的 $O_e x_e y_e$ 平面内的投影，称为横侧平面或水平面内的轨迹，这个轨迹一般可用经纬度或对航路的横侧向距离来描述；而在 $O_e x_e z_e$ 平面内的投影，称为在纵向平面或铅垂平面内的轨迹，显然这个轨迹就是高度。

由于四旋翼飞行器没有专门设置用于推进的动力装置，因此它类似于直升机，是采用通过合升力的倾斜以获得水平方向分力的方式，使飞行器进行飞行运动的。

然而四旋翼飞行器没有周期变距机构，无法通过桨叶挥舞来使得旋翼的合升力发生倾斜，只能通过机体的俯仰和滚转运动，并保持一定的俯仰和滚转角，以使得全机合升力发生倾斜后获得水平方向的分力，从而实现向前（后）或向左（右）的速度运动，如图 2-5 所示。

高度方向运动（或垂直运动）的实现相对容易，只要同时提高每个旋翼的转速（在理想的情况下，所增加的转速应都相同），那么合升力将大于重力，从而使飞行器发生垂直上升运动。反之，如果各旋翼同时减速，使得合升力小于重

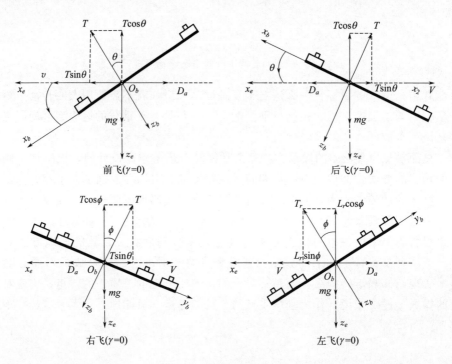

前飞(γ=0)　　　　　后飞(γ=0)

右飞(γ=0)　　　　　左飞(γ=0)

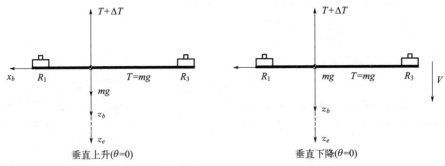

图 2-5　四旋翼飞行器水平轨迹运动的产生原理

力，就会发生垂直下降运动。但进行垂直运动时需要遵循下列原则：

在进行高度方向上的垂直运动操纵时，应保证操纵量使得纵向和横侧向运动仍维持在平衡状态。也就是说，在垂直运动操纵前，纵向运动和横侧向运动已经配平（平衡），而在进行垂直运动的操纵时姿态角应不发生变化。然而，这并不是说在进行高度操纵时不能对俯仰、滚转和偏航进行操纵，仅仅是所给的高度操纵量不应引起附加的姿态角变化。

表 2-5 表示了在保持不同的俯仰角和姿态角时，四旋翼飞行器所发生的轨迹或位移运动方向。注意表中的"前、后、左、右"是从机尾向前观察来定义的。

表 2-5　姿态角所导致的轨迹运动

姿态		所导致的轨迹运动方向
俯仰角	$+\theta$（抬头）	向后飞行
	$-\theta$（低头）	向前飞行
滚转角	$+\phi$（右滚转）	向右侧飞行
	$-\phi$（左滚转）	向左侧飞行

将表 2-4 和表 2-5 结合起来，就能方便地得到关于轨迹运动的操纵方法了。但需要指出的是，上述方法只是建立一种原则，是否能实现轨迹运动还取决于其水平分力的大小，只有该水平力克服阻力后才能进行轨迹运动。

上述对这一操纵机理的物理分析也说明了一个重要的问题，就是四旋翼飞行器的质心位移运动是通过姿态运动来实现的，而这也正是固定翼飞机和直升机的基本操纵原理。因此，将多旋翼飞行器的研究纳入飞行（动）力学和飞行控制系统的方法和理论中，是有其物理基础的。

2.8
基本性能计算

四旋翼飞行器在最初设计时，最重要的任务就是选择旋翼（螺旋桨）、电机和电池，而在进行这些任务之前，需要确定如下主要性能：

① 旋翼升力；

② 电机转矩和功率；

③ 电池功率和容量。

然后根据以上性能参数就可以选择旋翼（螺旋桨）、电机和电池了。

以上的这些性能可按动量法进行初步估算，并将起飞质量作为唯一的已知参数条件，直接引用已有的研究结论和给出计算公式。而关于动量法的概念、分析和公式推导过程可以参考有关文献[14,15]。作为低速飞行的四旋翼飞行器设计的初始步骤，采用动量法估算简单有效，而且经过修正后其性能与实际性能接近。如果需要精确计算，那么可以采用更为复杂的方法[14,15]。

同时，由于当前旋翼（螺旋桨）、电机及电池的货架产品非常丰富，如果从成本角度来考虑，那么就应避免对旋翼、电机及电池进行专门研制，而要尽量地从货架产品中来选择使用。那么，为了选择这些货架产品，首先需要确定这些产品的性能参数作为选型依据，而采用简单方便的动量法来进行产品性能参数估算是合适的。在后面的计算中，具有如下的假设：

① 各旋翼的大小、形状完全一致，且它们之间安装位置的距离足够远，而不存在相互间气流干扰；

② 远离旋翼上方的大气速度为零且是均匀的；

③ 各旋翼升力（拉力）方向与机体重力方向平行。

2.8.1 悬停性能

悬停时，假设四旋翼飞行器处于力和力矩平衡状态，且机体保持水平姿态，这种状态也称为配平。

因此，力平衡方程为

$$T = mg \tag{2-2}$$

式中，T 为四个旋翼升力之和；m 为四旋翼飞行器的质量；g 为悬停处重力加速度。

同时还要满足力矩平衡。参考图 2-2，若设 T_1、T_2、T_3、T_4 分别是 R_1、R_2、R_3、R_4 旋翼的升力，那么为了保持力矩平衡需要满足

$$\begin{cases} T_1 y_1 = T_2 y_1 \\ T_3 y_2 = T_4 y_2 \\ (T_1 + T_2) x_1 = (T_3 + T_4) x_2 \end{cases} \tag{2-3}$$

由式(2-3)得到 $T_1 = T_2$ 和 $T_3 = T_4$，因此，R_1 和 R_2 旋翼转速相等，R_3 和 R_4 旋翼转速相等，于是旋翼作用于机体的合转矩为零。

由式(2-3) 得到

$$T = T_1 + T_2 + T_3 + T_4 = 2T_1 \left(1 + \frac{x_1}{x_2}\right) \tag{2-4}$$

结合式(2-2)和式(2-4)，于是得到

$$T_1 = T_2 = \frac{mg}{2} \times \frac{x_2}{x_1 + x_2} \tag{2-5}$$

$$T_3 = T_4 = \frac{mg}{2} \times \frac{x_1}{x_1 + x_2} \tag{2-6}$$

因此，按式(2-5)和式(2-6)就可以确定每个旋翼在悬停时所需的升力。明显地，如果旋翼绕质心在机体 $O_b x_b$ 轴上几何对称，即 $x_1 = x_2$，那么各旋翼所需升力恰好是飞行器所受重力的四分之一。从上述两式可以看出，前后旋翼所产生的升力可以不一致，它们与 x_1、x_2 的大小有关。但考虑到电机和旋翼具有丰富的货架产品，除非有特殊情况，一般均能从市场购买获得，因此为了便于其互换和采购，一般都选择同一型号的电机和旋翼，这样就应按所需最大升力来选择旋翼和电机型号。

在确定了旋翼的悬停升力大小后，一般根据多旋翼飞行器的结构大小，就可以将旋翼的直径限制在一个大致的范围内，也就是其几何尺寸基本上就确定了。若旋翼半径为 r，那么其桨盘面积定义[14,15] 为

$$A = \pi r^2 \tag{2-7}$$

① 通过 R_1 和 R_2 旋翼平面的诱导速度为[14,15]

$$v_{11} = v_{12} = \sqrt{\frac{T_1}{2\rho A}} = \frac{1}{2}\sqrt{\frac{mg}{\rho A} \times \frac{x_2}{x_1 + x_2}} \tag{2-8}$$

② 同理，通过 R_3 和 R_4 旋翼平面的诱导速度为

$$v_{13} = v_{14} = \sqrt{\frac{T_3}{2\rho A}} = \frac{1}{2}\sqrt{\frac{mg}{\rho A} \times \frac{x_1}{x_1 + x_2}} \tag{2-9}$$

以上两式中 ρ 为大气密度，且将 T_1/A 与 T_3/A 定义为旋翼桨盘载荷。图 2-6 表示了 R_1 旋翼采用动量法计算时的气流流动模型，其他旋翼是类似的。

产生旋翼升力需用的理想功率（或诱导功率）等于旋翼升力与旋翼平面诱导速度的乘积[14,15]。于是，有

③ R_1 和 R_2 旋翼产生 T_1、T_2 拉力的理想功率为

$$P_{r1} = P_{r2} = T_1 v_{11} \tag{2-10}$$

④ R_3 和 R_4 旋翼产生 T_3、T_4 拉力的理想功率为

$$P_{r3} = P_{r4} = T_3 v_{13} \tag{2-11}$$

事实上，在悬停时旋翼实际功率要大于理想功率[14]，将理想功率与实际功率之比定义为悬停效率，根据直升机的经验，最大的悬停效率（FM）可达 0.75~0.8。而在实际计算中，这个效率也可以包含在最后的功率余量中，这样可以保证以下各计算中前提条件的一致性。

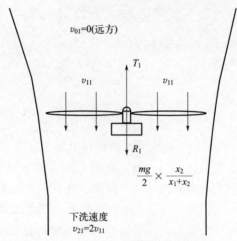

$$v_{01}=0(远方)$$

$$\frac{mg}{2} \times \frac{x_2}{x_1+x_2}$$

下洗速度
$$v_{21}=2v_{11}$$

图 2-6　悬停时 R_1 旋翼气流流动模型

⑤ R_1 和 R_2 旋翼的转矩为

$$M_{r1}=M_{r2}=\frac{P_{r1}}{n_{01}} \tag{2-12}$$

式中，n_{01} 为 R_1 和 R_2 旋翼产生升力 T_1、T_2 时的旋翼转速，rad/s。

⑥ R_3 和 R_4 旋翼的转矩为

$$M_{r3}=M_{r4}=\frac{P_{r3}}{n_{03}} \tag{2-13}$$

式中，n_{03} 为 R_3 和 R_4 旋翼产生升力 T_3、T_4 时的旋翼转速，rad/s。

由于旋翼型号一致的假设，因此四个旋翼的效率是相同，并设为 η_r。

⑦ R_1 和 R_2 旋翼驱动电机的轴输出功率为

$$P_{ms1}=P_{ms2}=\frac{P_{r1}}{\eta_r} \tag{2-14}$$

⑧ R_3 和 R_4 旋翼驱动电机的轴输出功率为

$$P_{ms3}=P_{ms4}=\frac{P_{r3}}{\eta_r} \tag{2-15}$$

⑨ R_1 和 R_2 旋翼驱动电机的轴输出转矩为

$$M_{ms1}=M_{ms2}=\frac{P_{ms1}}{n_{01}} \tag{2-16}$$

⑩ R_3 和 R_4 旋翼驱动电机的轴输出转矩为

$$M_{ms3}=M_{ms4}=\frac{P_{ms3}}{n_{03}} \tag{2-17}$$

又由于电机型号一致的假设，所以四个电机具有同样的效率 η_m。

⑪ R_1 和 R_2 旋翼驱动电机的输入功率为

$$P_{mi1} = P_{mi2} = \frac{P_{ms1}}{\eta_m} \qquad (2-18)$$

⑫ R_3 和 R_4 旋翼驱动电机的输入功率为

$$P_{mi3} = P_{mi4} = \frac{P_{ms3}}{\eta_m} \qquad (2-19)$$

考虑到电子速度调节器的型号也是一致的，那么设其效率均为 η_e。

⑬ R_1 和 R_2 旋翼电机/电子速度调节器系统的输入功率分别为

$$P_{me1} = P_{me2} = \frac{P_{mi1}}{\eta_e} \qquad (2-20)$$

⑭ R_3 和 R_4 旋翼电机/电子速度调节器系统的输入功率分别为

$$P_{me3} = P_{me4} = \frac{P_{mi3}}{\eta_e} \qquad (2-21)$$

式（2-20）和式（2-21）表示了各旋翼动力系统所需功率，也就是在悬停平衡时，为了驱动旋翼所需用的功率。

⑮ 全机旋翼驱动需用功率（或输入功率）为

$$P_{rt} = 2(P_{me1} + P_{me3}) = \frac{2}{\eta_r \eta_m \eta_e}(T_1 v_{11} + T_3 v_{13}) \qquad (2-22)$$

如果四旋翼飞行器的其他用电设备功率与传输损失功率的和为 P_f，那么在悬停时，四旋翼飞行器的全机需用功率为

$$P_v = P_{rt} + P_f \qquad (2-23)$$

如果考虑其功率余量为全机需用功率的 20%，因此实际情况下的全机需用功率应为 $1.2P_v$。

这就意味着，四旋翼飞行器所使用电池的输出功率不能小于 $1.2P_v$。

若旋翼下方布置有机体结构部件，那么这些部件和结构将处在旋翼尾流中。因此，当尾流作用于其上时，相当于存在一个方向向下的载荷，旋翼升力除了克服重力以外，还需要克服这一载荷，因而要对式（2-5）和式（2-6）的旋翼升力公式进行修正[14]。修正后的旋翼升力分别为

$$\begin{cases} T_{1c} = T_{2c} = \left(1 + \dfrac{0.3S_p}{A}\right)T_1 \\ T_{3c} = T_{4c} = \left(1 + \dfrac{0.3S_p}{A}\right)T_3 \end{cases} \qquad (2-24)$$

由于大多数四旋翼飞行器的电机和支撑结构的安装非常靠近旋翼，因此可以假设，旋翼尾流在上述两处没有收缩，也就是仅处于桨盘范围内的四旋翼飞行器机体部分才受到尾流的影响，从而在式（2-24）中，S_p 为在桨盘范围内旋翼电机和机体结构在机体坐标系 $O_b x_b y_b$ 平面上的投影面积（此处假定了旋翼平面与机体坐标系 $O_b x_b y_b$ 平面是平行的）。

大多数四旋翼飞行器的结构都能满足 $0.3S_p \ll A$，因此无须进行升力修正。同时由于式(2-5)和式(2-6)是对旋翼升力的基本要求，故而在研制或选择旋翼时会留有余地，也就是悬停时旋翼升力要求会比上述基本要求大一些。当然对于旋翼支撑结构比较大的多旋翼飞行器，那么应该按式(2-24)进行旋翼升力修正，并且应按修正后的升力计算诱导速度和需用功率。

　　另外一个问题是关于尾流诱导速度 v_2，四个旋翼的尾流速度分别为 $v_{21} = v_{22} = 2v_{11}$ 和 $v_{23} = v_{24} = 2v_{13}$。

　　如果四旋翼飞行器是置于地面上进行垂直起飞或近地面悬停的话，那么旋翼产生的较大尾流诱导速度，将有可能卷起地面的沙尘和沙砾，并造成旋翼桨叶和机体的损伤；同时地面反射气流的不均匀性，会对机体姿态产生干扰，由于此时高度低、旋翼升力小，因此极容易导致起飞失败，因而加大了垂直起飞和悬停时的操纵难度。

　　为了减小上述情况的影响，只有尽量降低尾流诱导速度 v_2，而这就需要减小旋翼桨盘平面诱导速度 v_1。根据式(2-8)和式(2-9)可知，若要减小诱导速度 v_1，只有降低旋翼桨盘载荷才能实现，那么在起飞质量不变的条件下，只有通过加大旋翼的半径，即增加旋翼桨盘面积 A（如直升机和倾转旋翼机，它们都具有非常大的桨盘），才能够使得尾流诱导速度得到有效的减小；同时由于降低了旋翼桨盘载荷，其旋翼需用功率也将下降，这是有利的方面。

　　因此，在进行旋翼选择时，应尽可能选择较大半径的旋翼。但是在另一方面，降低旋翼桨盘载荷和诱导速度 v_1 后，根据式(2-12)和式(2-13)可知，旋翼转矩也将变小，这将可能引起航向操纵性下降的问题，而这是不利的。

　　所以在设计中，需要在产生升力的额定转速、旋翼桨盘载荷、转矩及功率这几个变量参数中进行折中，以选取最合适的参数。也可以采用优化的方法，在满足性能的要求下，以功率最小和有限尺寸旋翼为目标对上述变量参数进行优化后确定。

2.8.2　垂直飞行性能

　　垂直飞行包括垂直向上和垂直下降两种飞行方式。在垂直飞行过程中，由于上升（下降）速度的影响，一方面会影响穿过旋翼平面的诱导速度 v_1，另一方面机体运动导致了运动中的阻力。在以下的公式中，假定了在垂直飞行过程中，其旋翼拉力与悬停时旋翼拉力是相同的，即垂直飞行是匀速直线运动。

(1) 四旋翼飞行器垂直上升飞行

　　由于四旋翼飞行器垂直上升，那么来流速度将与诱导速度相加（方向均向下方），因此穿过旋翼平面的气流速度得到了加速，同时尾流处的速度也将被加速。

　　设垂直上升速度为 V_u，则穿过各旋翼平面的诱导速度为[14]

$$\begin{cases} v_{11} = v_{12} = -\dfrac{1}{2}V_u + \sqrt{\left(\dfrac{V_u}{2}\right)^2 + v_{11h}^2} \\ v_{13} = v_{14} = -\dfrac{1}{2}V_u + \sqrt{\left(\dfrac{V_u}{2}\right)^2 + v_{13h}^2} \end{cases} \tag{2-25}$$

式中，v_{11h} 为悬停时的 R_1 和 R_2 旋翼平面诱导速度，即式（2-8）所表示的诱导速度；v_{13h} 为悬停时的 R_3 和 R_4 旋翼平面诱导速度，即式（2-9）所表示的诱导速度。

其四个旋翼的理想（诱导）功率和垂直上升所需功率分别为

$$\begin{cases} P_{r1} = P_{r2} = T_1(v_{11} + V_u) = T_1\left(\dfrac{1}{2}V_u + \sqrt{\left(\dfrac{V_u}{2}\right)^2 + v_{11h}^2}\right) \\ P_{r3} = P_{r4} = T_3(v_{13} + V_u) = T_3\left(\dfrac{1}{2}V_u + \sqrt{\left(\dfrac{V_u}{2}\right)^2 + v_{13h}^2}\right) \end{cases} \tag{2-26}$$

式（2-26）的功率计算，基本上还是有未考虑真实旋翼的情况，是在动量理论的理想假设下得到的结果。因此，在实际工程设计中，需要按有关经验数据来修正这个功率参数。

如果四旋翼飞行器以大速度垂直上升，并假设其速度远大于此时的旋翼平面诱导速度，即满足 $V_u \gg v_{11}$、$V_u \gg v_{13}$，那么诱导速度近似为

$$\begin{cases} v_{11} = v_{12} \approx \dfrac{v_{11h}^2}{V_u} \\ v_{13} = v_{13} \approx \dfrac{v_{13h}^2}{V_u} \end{cases} \tag{2-27}$$

其旋翼功率按式（2-26），用 $V_u \gg v_{11}$、$V_u \gg v_{13}$ 进行近似处理，得到

$$\begin{cases} P_{r1} = P_{r2} \approx T_1 V_u \\ P_{r3} = P_{r4} \approx T_3 V_u \end{cases} \tag{2-28}$$

而若四旋翼飞行器以很小的速度垂直上升，假设垂直上升速度远小于悬停时旋翼平面的诱导速度，即 $V_u \ll v_{11h}$、$V_u \ll v_{13h}$，那么垂直上升时的诱导速度近似为

$$\begin{cases} v_{11} = v_{12} \approx v_{11h} - \dfrac{1}{2}V_u \\ v_{13} = v_{13} \approx v_{13h} - \dfrac{1}{2}V_u \end{cases} \tag{2-29}$$

由式（2-26）并利用假设条件，得到旋翼诱导功率和垂直上升功率为

$$\begin{cases} P_{r1} = P_{r2} \approx T_1\left(\dfrac{1}{2}V_u + v_{11h}\right) \\ P_{r3} = P_{r4} \approx T_3\left(\dfrac{1}{2}V_u + v_{13h}\right) \end{cases} \tag{2-30}$$

一般情况下，四旋翼飞行器垂直上升是缓慢的，能够满足 $V_u \ll v_{11h}$、$V_u \ll v_{13h}$，因此式(2-30)具有意义，即旋翼需用功率将随着垂直上升速度 V_u 的增加而增加，并且诱导速度相对于悬停时的诱导速度将有所减小［式(2-25)］，相比较而言也就是降低了其诱导功率。所以垂直上升时的总效果是：旋翼需用功率仅仅在悬停功率的基础上增加了 $T_1 V_u / 2$ 或 $T_3 V_u / 2$，即功率增量完全是由垂直上升运动导致的，显然这是为了增加势能，那么就必须给旋翼增加功率。

尾流处速度为

$$\begin{cases} v_{21} = v_{22} = V_u + 2v_{11} \\ v_{23} = v_{24} = V_u + 2v_{13} \end{cases} \tag{2-31}$$

尾流诱导速度仍满足与旋翼平面诱导速度的两倍关系。

(2) 四旋翼飞行器垂直下降飞行

由于四旋翼飞行器垂直下降，那么来流速度将指向上方与向下的诱导速度进行相减叠加，因此穿过旋翼平面的气流速度将减小，同时尾流处的速度也将被减小。

注意：以下结论仅仅在垂直下降速度很小的条件下成立，这是由于当垂直下降速度较大时，作为动量理论基础的连续流动假设已不再成立了[14]。一般情况下垂直下降速度 V_d 需满足 $V_d \leqslant \min(v_{11h}/4, v_{13h}/4)$，即垂直下降速度应小于或等于悬停诱导速度 v_{11h} 和 v_{13h} 两者中较小者的四分之一。

设垂直下降速度为 V_d，则各旋翼平面的诱导速度为[14]

$$\begin{cases} v_{11} = v_{12} = \dfrac{1}{2}V_d + \sqrt{\left(\dfrac{V_d}{2}\right)^2 + v_{11h}^2} \\ v_{13} = v_{14} = \dfrac{1}{2}V_d + \sqrt{\left(\dfrac{V_d}{2}\right)^2 + v_{13h}^2} \end{cases} \tag{2-32}$$

旋翼需用功率为

$$\begin{cases} P_{r1} = P_{r2} = T_1(v_{11} - V_d) = T_1\left(-\dfrac{1}{2}V_d + \sqrt{\left(\dfrac{V_d}{2}\right)^2 + v_{11h}^2}\right) \\ P_{r3} = P_{r4} = T_3(v_{13} - V_d) = T_3\left(-\dfrac{1}{2}V_d + \sqrt{\left(\dfrac{V_d}{2}\right)^2 + v_{13h}^2}\right) \end{cases} \tag{2-33}$$

如果进一步，假设 $V_d \ll v_{11h}$、$V_d \ll v_{13h}$ 条件，那么诱导速度分别为

$$\begin{cases} v_{11} = v_{12} \approx \dfrac{1}{2}V_d + v_{11h} \\ v_{13} = v_{14} \approx \dfrac{1}{2}V_d + v_{13h} \end{cases} \tag{2-34}$$

旋翼需用功率为

$$\begin{cases} P_{r1} = P_{r2} = T_1(v_{11} - V_d) = T_1\left(v_{11h} - \dfrac{1}{2}V_d\right) \\ P_{r3} = P_{r4} = T_3(v_{13} - V_d) = T_3\left(v_{13h} - \dfrac{1}{2}V_d\right) \end{cases} \tag{2-35}$$

与悬停相比，在缓慢下降时其诱导速度增加，但旋翼的需用功率却下降了，这显然是由下降时势能转换为动能所引起的。

在上述垂直运动性能估算中仅仅给出了旋翼诱导速度和需用功率，而其他性能的计算方法可以参考 2.8.1 节中类似的内容。

2.8.3 前飞性能

前飞性能计算的部分假设与 2.8.1 节是相同的。同时，由于四旋翼飞行器前飞速度较低，因此以下采用低速前飞的性能估算方法，并将直接给出旋翼诱导速度和功率计算公式。在以下公式中，假定了前飞时其旋翼拉力与悬停时旋翼拉力是相同的。

假设前飞速度为 V_0，则穿过各旋翼平面的诱导速度为[14]

$$\begin{cases} v_{11} = v_{12} = \sqrt{-\dfrac{V_0^2}{2} + \sqrt{\left(\dfrac{V_0^2}{2}\right)^2 + v_{11h}^4}} \\ v_{13} = v_{14} = \sqrt{-\dfrac{V_0^2}{2} + \sqrt{\left(\dfrac{V_0^2}{2}\right)^2 + v_{13h}^4}} \end{cases} \tag{2-36}$$

旋翼诱导功率或理想功率为

$$\begin{cases} P_{r1} = P_{r2} = \dfrac{T_1^2}{2\rho A V_0} \\ P_{r3} = P_{r4} = \dfrac{T_3^2}{2\rho A V_0} \end{cases} \tag{2-37}$$

式(2-37) 说明随着前飞速度的增加，旋翼的诱导功率将减小，这主要是前飞使得旋翼的来流速度加快了，因而为了达到同样的拉力，旋翼能以较小的转速来向下加速气流的流动。

2.9
四旋翼飞行器性能计算实例

2.9.1 四旋翼飞行器的有关数据

实例四旋翼飞行器的详细数据见本书附录。

2.9.2　悬停性能计算

由于四旋翼飞行器在一般情况下飞行高度较低，因此在以下计算中，大气密度和重力加速度均取标准海平面时的数据：$\rho = 1.22505\,\text{kg/m}^3$，$g = 9.8\,\text{m/s}^2$。

单个旋翼的桨盘面积：$A = \pi r^2 = 3.14 \times 0.28^2 = 0.2462\,(\text{m}^2)$。

按式(2-5)和式(2-6)，在配平（平衡）时所需的四个旋翼拉力或升力分别为

$$T_1 = T_2 = \frac{40.37 \times 9.8}{2} \times \frac{0.7107}{0.52 + 0.7107} \approx 114.2323\,(\text{N})$$

$$T_3 = T_4 = \frac{40.37 \times 9.8}{2} \times \frac{0.52}{0.52 + 0.7107} \approx 83.5806\,(\text{N})$$

四个旋翼的桨盘载荷分别为

R_1 和 R_2 旋翼：$T_1 / A = 114.2323/0.2462 \approx 463.9817\,(\text{N/m}^2)$；

R_3 和 R_4 旋翼：$T_3 / A = 83.5806/0.2462 \approx 339.4825\,(\text{N/m}^2)$。

(1) 旋翼平面诱导速度

按式(2-8)和式(2-9)得到各旋翼诱导速度：

$$v_{11} = v_{12} = \sqrt{\frac{114.2323}{2 \times 1.22505 \times 0.2462}} \approx 13.7613\,(\text{m/s})$$

$$v_{13} = v_{14} = \sqrt{\frac{339.4825}{2 \times 1.22505 \times 0.2462}} \approx 11.7711\,(\text{m/s})$$

(2) 旋翼理想（诱导）功率

按式(2-10)和式(2-11)得到各旋翼理想（诱导）功率：

$$P_{r1} = P_{r2} = 114.2323 \times 13.7613 \approx 1571.9850\,(\text{W})$$

$$P_{r3} = P_{r4} = 83.5806 \times 11.7711 \approx 983.8356\,(\text{W})$$

(3) 旋翼转矩

由于旋翼产生悬停平衡时的转速分别为 $n_{01} = n_{02} = 81.3\,\text{r/s}$，$n_{03} = n_{04} = 69.5\,\text{r/s}$，需将转速单位"转/秒"换算为"弧度/秒"后，才能按式(2-12)和式(2-13)进行计算，各旋翼转矩为

$$M_{r1} = M_{r2} = \frac{1571.9850}{2\pi \times 81.3} \approx 3.0789\,(\text{N} \cdot \text{m})$$

$$M_{r3} = M_{r4} = \frac{983.8356}{2\pi \times 69.5} \approx 2.2541\,(\text{N} \cdot \text{m})$$

(4) 旋翼电机轴输出功率

设旋翼效率为 $\eta_r = 90\%$[20]，则按式(2-14)和式(2-15)，得到旋翼电机轴输出功率为

$$P_{ms1} = P_{ms2} = \frac{1571.9850}{0.9} \approx 1746.65(\text{W})$$

$$P_{ms3} = P_{ms4} = \frac{983.8356}{0.9} \approx 1093.1507(\text{W})$$

(5) 旋翼电机轴输出转矩

按式(2-16) 和式(2-17) 得到各旋翼电机轴输出转矩:

$$M_{ms1} = M_{ms2} = \frac{1746.65}{2\pi \times 81.3} \approx 3.4210(\text{N} \cdot \text{m})$$

$$M_{ms3} = M_{ms4} = \frac{1093.1507}{2\pi \times 69.5} \approx 2.5046(\text{N} \cdot \text{m})$$

(6) 旋翼电机输入功率

若设电机效率为 $\eta_m = 90\%$,则按式(2-18) 和式(2-19),得到各旋翼电机的输入功率为

$$P_{mi1} = P_{mi2} = \frac{1746.65}{0.9} \approx 1940.7222(\text{W})$$

$$P_{mi3} = P_{mi4} = \frac{1093.1507}{0.9} \approx 1214.6119(\text{W})$$

(7) 旋翼电机/电子速度调节器系统输入功率

设电子速度调节器的效率为 $\eta_e = 90\%$,则按式(2-20) 和式(2-21),得到整个旋翼动力系统的需用功率为

$$P_{me1} = P_{me2} = \frac{1940.7222}{0.9} \approx 2156.358(\text{W})$$

$$P_{me3} = P_{me4} = \frac{1214.6119}{0.9} \approx 1349.5688(\text{W})$$

(8) 全机旋翼驱动需用功率

按式(2-22) 得到用于全机旋翼驱动的需用功率为

$$P_{rt} = 2 \times (2256.358 + 1349.5688) = 7011.8536(\text{W})$$

若设其他用电设备功率与电力传输损耗功率的和为 $P_f = 0.05 P_{ri} \approx 350.5927\text{W}$,那么四旋翼飞行器全机需用功率为

$$P_v = 7011.8536 + 350.5927 = 7362.4463(\text{W})$$

如果再假设计入 20% 需用功率余量(其中包括了旋翼理想功率与实际功率之间的误差,即悬停效率),那么全机的需用总功率应为

$$1.2 P_v = 1.2 \times 7362.4463 \approx 8834.9356(\text{W}) \approx 8.8349(\text{kW})$$

由于悬停时驱动旋翼所需要的功率是最小的,所以还必须对垂直和前飞的功率进行计算,才能确定全机在任务飞行时的需用总功率。

(9) 旋翼向下气流作用于电机上的载荷影响

按式(2-24),由于作用于旋翼向下气流中的电机面积为 $S_p = 3.14 \times (88.5 \times$

$10^{-3}/2)^2 \approx 6.1483 \times 10^{-3} \mathrm{m}^2$，而旋翼桨盘面积为 $A = 0.2462 \mathrm{m}^2$，故而修正后的升力分别为

$$T_{1c} = T_{2c} = \left(1 + \frac{0.3 \times 6.1483 \times 10^{-3}}{0.2462}\right) T_1 \approx 1.0075 T_1$$

$$T_{3c} = T_{4c} \approx 1.0075 T_3$$

这就是说，旋翼气流作用于电机所形成的向下载荷，相比较于未计入这个载荷的旋翼升力，升力仅仅增加了不足 1%，就本算例而言，只分别增加了 0.88N 和 0.63N。因此，对于旋翼需用功率来说，这一点未被计入的功率增量完全可以被所假设的 20% 功率余量所覆盖。

其中的原因还是在于一般四旋翼飞行器所具有的特殊结构，即它的旋翼是分布在机体周围的，在旋翼气流下方没有大面积的机体存在，所以基本能满足 $0.3S_p \ll A$ 的条件。

2.9.3 垂直飞行性能计算

在此计算中，悬停时旋翼平面诱导速度均为理想（诱导）功率下的诱导速度，即 $v_{11h} = v_{12h} = 13.7613 \mathrm{m/s}$，$v_{13h} = v_{14h} = 11.7711 \mathrm{m/s}$。其旋翼拉力分别为 $T_1 = T_2 = 114.2323 \mathrm{N}$，$T_3 = T_4 = 83.5806 \mathrm{N}$。

假定垂直向上飞行速度为 $V_u = 3 \mathrm{m/s}$，垂直向下飞行速度为 $V_d = 2 \mathrm{m/s}$。

2.9.3.1 垂直上升飞行

（1）旋翼诱导速度

按式（2-25）得到各旋翼平面的诱导速度：

$$v_{11} = v_{12} = -\frac{1}{2} \times 3 + \sqrt{\left(\frac{3}{2}\right)^2 + 13.7163^2} \approx 12.2981 (\mathrm{m/s})$$

$$v_{13} = v_{14} = -\frac{1}{2} \times 3 + \sqrt{\left(\frac{3}{2}\right)^2 + 11.7711^2} \approx 10.3663 (\mathrm{m/s})$$

按式（2-31）得到尾流区诱导速度：

$$v_{21} = v_{22} = 3 + 2 \times 12.2981 = 27.5962 (\mathrm{m/s})$$

$$v_{23} = v_{24} = 3 + 2 \times 10.3663 = 23.7326 (\mathrm{m/s})$$

（2）旋翼理想功率

按式（2-26）得到各旋翼理想（诱导）功率：

$$P_{r1} = P_{r2} = 114.2323 \times (12.2981 + 3) \approx 1747.5371 (\mathrm{W})$$

$$P_{r3} = P_{r4} = 83.5806 \times (10.3663 + 3) \approx 1117.1634 (\mathrm{W})$$

综合上述计算，可以明显地看出，由于向上垂直飞行时其来流速度从悬停时的零增加到 3m/s，因此穿过旋翼的入流速度增加了，那么在旋翼升力不变的条

件下，诱导速度则降低了；而旋翼理想功率则比悬停时的功率增大了，这主要是垂直上升所需功率需要由旋翼增加其功率而转换得到。

（3）旋翼转矩

旋翼在转速分别为 $n_{01}=n_{02}=81.3\text{r/s}$，$n_{03}=n_{04}=69.5\text{r/s}$ 时的转矩为

$$M_{r1}=M_{r2}=\frac{1747.5371}{2\pi\times81.3}\approx3.4228(\text{N}\cdot\text{m})$$

$$M_{r3}=M_{r4}=\frac{1117.1634}{2\pi\times69.5}\approx2.5596(\text{N}\cdot\text{m})$$

（4）旋翼电机性能要求

电机轴输出功率：

$$P_{ms1}=P_{ms2}=\frac{1747.5371}{0.9}\approx1941.7079(\text{W})$$

$$P_{ms3}=P_{ms4}=\frac{1117.1634}{0.9}\approx1241.2927(\text{W})$$

电机轴输出转矩：

$$M_{ms1}=M_{ms2}=\frac{1941.7079}{2\pi\times81.3}\approx3.8031(\text{N}\cdot\text{m})$$

$$M_{ms3}=M_{ms4}=\frac{1241.2927}{2\pi\times69.5}\approx2.8440(\text{N}\cdot\text{m})$$

（5）各旋翼及全机旋翼驱动需用功率

各旋翼驱动需用功率：

$$P_{me1}=P_{me2}=\frac{1941.7079}{0.9\times0.9}\approx2397.1702(\text{W})$$

$$P_{me3}=P_{me4}=\frac{1241.2927}{0.9\times0.9}\approx1532.4601(\text{W})$$

全机旋翼驱动需用功率：

$$P_{rt}=2\times(2397.1702+1532.4601)=7859.2606(\text{W})$$

其他用电设备与电力传输损耗的总功率仍按悬停时的数据为 $P_f=394.4167\text{W}$，那么四旋翼飞行器全机需用功率为

$$P_v=7859.2606+394.4167=8253.6773(\text{W})$$

若考虑 20% 的功率余量，那么垂直上升时全机实际需用功率为

$$1.2P_v=1.2\times8253.6773\approx9904.4128(\text{W})\approx9.9041(\text{kW})$$

可以看出，垂直上升飞行时，无论是全机旋翼驱动需用功率还是全机需用功率，均比悬停时要大，显然这是垂直上升时势能增加所付出的代价。在实际情况下，全机旋翼驱动需用功率应该更大一些，这主要是为了补偿非理想的旋翼入流和大气环境而引起的动量法误差。

2.9.3.2 垂直下降飞行

由于假设了垂直下降速度为 $V_d = 2\mathrm{m/s}$，满足了 $2 \leqslant \min(13.7163/4, 11.7711/4) \approx 2.9$ 的假设，因此可以用 2.8.2 节的有关结果进行计算。

(1) 旋翼诱导速度

按式(2-32)可计算垂直下降时的各旋翼诱导速度：

$$v_{11} = v_{12} = \frac{1}{2} \times 2 + \sqrt{\left(\frac{2}{2}\right)^2 + 13.7163^2} \approx 14.7527(\mathrm{m/s})$$

$$v_{13} = v_{14} = \frac{1}{2} \times 2 + \sqrt{\left(\frac{2}{2}\right)^2 + 11.7711^2} \approx 12.8135(\mathrm{m/s})$$

(2) 旋翼理想功率

按式(2-33)式可得到各旋翼的理想功率：

$$P_{r1} = P_{r2} = 114.2323 \times (14.7527 - 2) = 1456.7703(\mathrm{W})$$

$$P_{r3} = P_{r4} = 83.5806 \times (12.8135 - 2) = 903.7988(\mathrm{W})$$

(3) 旋翼转矩

旋翼在转速分别为 $n_{01} = n_{02} = 81.3\mathrm{r/s}$，$n_{03} = n_{04} = 69.5\mathrm{r/s}$ 时的转矩为

$$M_{r1} = M_{r2} = \frac{1456.7703}{2\pi \times 81.3} \approx 2.8533(\mathrm{N \cdot m})$$

$$M_{r3} = M_{r4} = \frac{903.7988}{2\pi \times 69.5} \approx 2.0707(\mathrm{N \cdot m})$$

(4) 旋翼电机性能要求

电机轴输出功率：

$$P_{ms1} = P_{ms2} = \frac{1456.7703}{0.9} \approx 1618.6337(\mathrm{W})$$

$$P_{ms3} = P_{ms4} = \frac{903.7988}{0.9} \approx 1004.2209(\mathrm{W})$$

电机轴输出转矩：

$$M_{ms1} = M_{ms2} = \frac{1618.6337}{2\pi \times 81.3} \approx 3.1703(\mathrm{N \cdot m})$$

$$M_{ms3} = M_{ms4} = \frac{1004.2209}{2\pi \times 69.5} \approx 2.3008(\mathrm{N \cdot m})$$

(5) 各旋翼驱动及全机旋翼驱动需用功率

各旋翼驱动需用功率：

$$P_{me1} = P_{me2} = \frac{1618.6337}{0.9 \times 0.9} \approx 1998.3132(\mathrm{W})$$

$$P_{me3} = P_{me4} = \frac{1004.2209}{0.9 \times 0.9} \approx 1239.7789(\mathrm{W})$$

全机旋翼驱动需用功率：
$$P_{rt}=2\times(1998.3132+1239.7789)=6476.1842(\text{W})$$

其他用电设备与电力传输损耗的总功率仍按悬停时的数据为 $P_f=394.4167\text{W}$，那么四旋翼飞行器全机需用功率为
$$P_v=6476.1842+394.4167=6870.6009(\text{W})$$

若考虑 20% 的功率余量，那么垂直上升时全机实际需用功率为
$$1.2P_v=1.2\times6870.6009\approx8244.7211(\text{W})\approx8.2447(\text{kW})$$

显然，四旋翼飞行器在垂直下降飞行时，相较于悬停和垂直上升飞行状态，其全机需用功率减小了。其中的物理意义也是显而易见的，在垂直下降过程中的动能将可以由势能转换得到，而旋翼所产生的动能就是维持升力来平衡重力（若不计空气阻力），以保证飞行器以 2m/s 的下降速度进行匀速运动。

2.9.4 前飞性能计算

设前飞速度 $V_0=18\text{m/s}$，悬停时的旋翼平面诱导速度为 $v_{11h}=v_{12h}=13.7613\text{m/s}$，$v_{13h}=v_{14h}=11.7711\text{m/s}$，其旋翼拉力分别为 $T_1=T_2=114.2323\text{N}$，$T_3=T_4=83.5806\text{N}$。

(1) 各旋翼平面的诱导速度

按式(2-36)得到前飞时各旋翼平面的诱导速度：
$$\begin{cases} v_{11}=v_{12}=\sqrt{-\dfrac{18^2}{2}+\sqrt{\left(\dfrac{18^2}{2}\right)^2+13.7613^4}}=9.3381(\text{m/s}) \\[4mm] v_{13}=v_{14}=\sqrt{-\dfrac{18^2}{2}+\sqrt{\left(\dfrac{18^2}{2}\right)^2+11.7711^4}}=7.1535(\text{m/s}) \end{cases}$$

与垂直上升飞行类似，由于来流速度的增加，因此旋翼只需产生较小的诱导速度即可使得旋翼平面下方的气流得到加速。

(2) 旋翼理想（诱导）功率

按式(2-37)得到各旋翼理想功率：
$$\begin{cases} P_{r1}=P_{r2}=\dfrac{114.2323^2}{2\times1.22505\times0.2462\times18}=1201.8035(\text{W}) \\[4mm] P_{r3}=P_{r4}=\dfrac{83.5806^2}{2\times1.22505\times0.2462\times18}=643.3786(\text{W}) \end{cases}$$

(3) 旋翼转矩

旋翼在转速分别为 $n_{01}=n_{02}=81.3\text{r/s}$，$n_{03}=n_{04}=69.5\text{r/s}$ 时，各旋翼转矩为
$$M_{r1}=M_{r2}=\dfrac{1201.8035}{2\pi\times81.3}\approx2.3539(\text{N}\cdot\text{m})$$

$$M_{r3} = M_{r4} = \frac{643.3786}{2\pi \times 69.5} \approx 1.4741(\text{N} \cdot \text{m})$$

（4）旋翼电机性能要求

电机轴输出功率：

$$P_{ms1} = P_{ms2} = \frac{1201.8035}{0.9} \approx 1335.3372(\text{W})$$

$$P_{ms3} = P_{ms4} = \frac{643.3786}{0.9} \approx 714.8651(\text{W})$$

电机轴输出转矩：

$$M_{ms1} = M_{ms2} = \frac{1335.3372}{2\pi \times 81.3} \approx 2.6154(\text{N} \cdot \text{m})$$

$$M_{ms3} = M_{ms4} = \frac{714.8651}{2\pi \times 69.5} \approx 1.6379(\text{N} \cdot \text{m})$$

（5）各旋翼驱动及全机旋翼驱动需用功率

各旋翼驱动需用功率：

$$P_{me1} = P_{me2} = \frac{1335.3372}{0.9 \times 0.9} \approx 1648.5644(\text{W})$$

$$P_{me3} = P_{me4} = \frac{714.8651}{0.9 \times 0.9} \approx 882.5495(\text{W})$$

全机旋翼驱动需用功率：

$$P_{rt} = 2 \times (1648.5644 + 882.5495) = 5062.2278(\text{W})$$

其他用电设备与电力传输损耗的总功率仍按悬停时的数据为 $P_f = 394.4167\text{W}$，那么四旋翼飞行器全机需用功率为

$$P_v = 5062.2278 + 394.4167 = 5456.6445(\text{W})$$

若考虑 20% 的功率余量，那么前飞时全机实际需用功率为

$$1.2P_v = 1.2 \times 5456.6445 \approx 6547.9734(\text{W}) \approx 6.5480(\text{kW})$$

2.9.5　性能数据分析和应用

（1）作为旋翼和电机选型的依据

以上计算了悬停、垂直飞行和前飞三个主要飞行阶段的需用功率以及转矩等参数。这三个飞行阶段实际构成了四旋翼飞行器整个飞行剖面，因此其计算数据在研制过程的技术方案阶段，对旋翼、电机和电池等主要设备性能指标的确定具有意义。

这三个阶段的有关计算参数列在了表 2-6 中，表中数据的功率单位为 W，转矩单位为 N·m，由于各旋翼和电机选择同样的型号，因此旋翼按最大的参数要求给出，即 R_1 和 R_2 旋翼的数据将在表中列出，而电机轴功率和转矩则可以通

过旋翼功率和转矩经旋翼效率系数换算得到。

表 2-6　各飞行阶段功率和转矩数据

飞行阶段	悬停	垂直上升	垂直下降	前飞
旋翼需用功率 P_{r1}	1571.9850W	1747.5371W	1456.7703W	1201.8035W
旋翼需用转矩 M_{r1}	3.0789N·m	3.4228N·m	2.8533N·m	2.3539N·m
全机需用功率 $1.2P_v$	8834.9356W	9904.4128W	8244.7211W	6547.9734W

从表 2-6 中得出这样的结论：四旋翼飞行器在垂直上升飞行时所消耗的功率和转矩最大，因此旋翼和电机的选型应按这个飞行阶段的要求作为依据。如果 $V_u=3m/s$ 是四旋翼飞行器上升速度的性能要求，那么旋翼在产生平衡升力的额定转速下，其功率和转矩不能小于表中数值，即旋翼功率不能小于 1747.5371W、转矩不能小于 3.4228N·m。而电机轴输出功率和转矩则可以在确定旋翼型号后通过旋翼的效率数据得到。

同时，旋翼拉（升）力选择还需要满足 $T_1=T_2=114.2323N$，$T_3=T_4=83.5806N$。显然根据一致性原则，旋翼的拉力应按 114.2323N 来选择。

由于旋翼是由电机直接驱动的，因此产生旋翼升力的转速最好能与电机的最佳效率进行匹配。即根据电机的参数，选定最佳效率下的转速范围，然后根据该转速下的旋翼拉力是否满足要求，来初步确定旋翼的型号，同时还要检查在该转速下的功率和转矩是否也能满足要求。

（2）确定电池性能参数

对使用电池作为主要动力源的四旋翼飞行器来说，由于目前材料和技术的限制，电池的能量密度远低于其他化石能源，因此在确定的需用功率和飞行时间下，电池质量将远远大于化石能源质量。在多旋翼飞行器中，往往电池质量占据了全机质量的很大一部分，因而如何根据飞行剖面选择合适的电池，减小电池质量在全机质量中所占的比例是四旋翼飞行器设计的重要任务之一。

依据上述全机需用功率数据和飞行剖面，可以确定所需电池的电量或容量参数，电量参数又涉及质量问题，而质量对飞行器来说则是至关重要的。

电量反映了电池的放电能力，也反映了电池存储能量的大小。若设电池的输出功率为 P_b（瓦），放电时间为 t（小时），则电量定义为[32]：

$$E_b=P_bt$$

因此电量的单位是"瓦时"（Wh），或者是将上式等号右边除以 1000 而得到"千瓦时"（kWh）。"千瓦时"的另外一种称法为"度"，而"度"是我们俗称的电量单位。

若设电池的放电电压为 V_b（伏），则电池容量定义为

$$C_b=\frac{E_b}{V_b}=\frac{P_b}{V_b}t$$

式中，P_b/V_b 是电池的放电电流 I_b，因此电池容量的单位是"安时"（Ah），或将结果乘以 1000 后成为"毫安时"（mAh）。目前电池货架产品的电量基本上都是以电池容量的数据给出的。以下确定本书实例中四旋翼飞行器所需电池的电量或容量参数。

首先设定实例中四旋翼飞行器的典型性能和任务飞行剖面。

设定飞行高度为 300m、前飞速度为 18m/s、飞行半径为 9km，作为四旋翼飞行器的基本飞行性能，并假定四旋翼飞行器的垂直上升速度为 3m/s、垂直下降速度为 2m/s。

同时任务飞行剖面规定为从地面垂直上升至 300m 高度并悬停 5s，对准飞行方向后，巡航飞行往返共 18km，然后再回到出发点上空垂直下降落地，总飞行时间约 21min。

如果再考虑到应急飞行状态（时间为 3min、全机所消耗功率按悬停功率计为 8834.9356W），那么若含应急飞行，总的飞行时间约 24min。表 2-7 表示了飞行剖面各个阶段需用时间和需用电量。

表 2-7   在飞行剖面各个阶段全机需用电量

飞行阶段	垂直上升	悬停	巡航	垂直下降	应急
需用时间/s	100	5	1000	150	180
全机需用功率 $1.2P_v$/W	9904.4128	8834.9356	6547.9734	8244.7211	8834.9356
全机需用电量/Wh	275.1226	12.2707	1818.8815	343.5300	441.7468

将表 2-7 中各个飞行阶段的全机需用电量相加，就得到了所需电池的输出电量：

$$E_b = 2891.5516\text{Wh} \approx 2.9\text{kWh}$$

如果再考虑到电池的输出效率，那么电池的实际电量应大于 2.9kWh。若电池的输出电压为 44.4V，那么电池的容量为

$$C_b = \frac{2891.5516}{44.4} \approx 65.1250\text{Ah} = 65125\text{mAh}$$

从这里我们可以看到，如果电池使用低电压输出，那么对于较大起飞质量和较大需用功率的四旋翼飞行器来说是不利的，因为较大的电流需要用更粗的电缆来进行电能传输，这无疑又增加了飞行器自身的质量，从而使得有效载荷进一步被降低了。

若采用目前较先进的电池，其能量密度约为 235Wh/kg，那么在 2891.5516Wh 电量要求下的电池质量约为 $2891.5516/235 \approx 12.3$kg。

实例中四旋翼飞行器的起飞质量为 40.37kg，电池质量（12.3kg）将占到全机质量的约 30%。如果将机体结构和设备质量控制在 10~15kg 范围内，那么有效载荷将达到 13.07~18.07kg。

上述电池质量是在先进电池的性能指标下得出的，而相对于化石能源来说，其能量密度仍然太小。因此电池质量是四旋翼飞行器设计中需要考虑的重要问题之一。为了减小电池的质量，除了开发和研究更大能量密度的电池材料外，对于大起飞质量和需要长时间滞空的多旋翼飞行器，可以采用内燃机发电、分布式电力驱动的方案；而在多旋翼飞行器的机体结构设计中，可以考虑将电池封装和机身结构进行一体化设计和制造，即将机体的一部分结构和电池封装结合起来进行设计，也就是说，这部分机体既是机体结构又是电池的封装，这样可以减少由电池封装带来的能量密度下降问题，从而也减轻了机体质量。

第**3**章
刚体运动方程

3.1
建立运动方程的意义、假设和方法

建立飞行器的运动方程是定量研究其操纵性、稳定性的唯一手段，也是研制飞行控制系统的重要依据。

操纵性和稳定性是飞行（动）力学研究的主要内容，其包括了两类问题，即在飞行器所受力和力矩作用下，其运动的稳态性质和动态响应。前者也称为静特性，一般用所建立的静力学平衡（或配平）方程进行研究，其物理背景是牛顿第一定律；而后者则用所建立的微分方程进行研究，物理背景则是牛顿第二定律。

飞行控制系统本质上是个自动控制系统，因此系统的理论设计方法完全是基于控制理论进行的，在依据控制理论进行系统设计之前，首先需要获得被控对象，即反映飞行器运动的数学模型或运动方程，显然这个数学模型或运动方程与研究上述研究操纵性、稳定性的运动方程是一致的。

自 20 世纪 50 年代以来，对飞行器操纵性、稳定性的研究也逐渐引入了大量控制理论的方法，特别是由于主动控制技术的发展，人们意识到飞行器的操纵性和稳定性并不唯一地由其气动特性决定，还可以通过控制系统来获得改善[18]。因为如果从输入输出的角度来观察的话，包含有控制系统的飞行器和原来的自然飞行器，完全是两种具有不同操纵性和稳定性的系统，即它们的动态响应是不相同的。这样的观点同样也适用于四旋翼飞行器，因为具有飞行控制系统的飞行器和自然飞行器，它们的操纵性和稳定性是完全不同的。

由于飞行器运动的复杂性，建立完备的运动方程是困难的，即使能够得到完备的运动方程，那么可能由于分析手段的限制，而不能够从中获得足够多的信息；或者是其方法不能够与物理现象或概念建立直接的联系，而失去在工程研制中的实用性。所以在建立运动方程之前，需要根据飞行器运动特性和主要运动形式，提出一些在实际飞行中能够实现的前提条件，以此作为建立运动方程的假设条件，并应能保证所研究飞行器的主要性质仍被包含在运动方程中。

对于四旋翼飞行器建立刚体运动方程的假设条件如下：

① 四旋翼飞行器是刚体，不考虑机体结构的弹性变形。

② 各旋翼特性完全一致，旋翼轴和其升力向量均垂直于机体坐标系的 $O_b x_b y_b$ 平面（或平行于 $O_b z_b$ 轴），且各旋翼桨尖平面均处于同一平面内，并只考虑旋翼拉力和转矩的稳态或低频响应[15]。

③ 忽略旋翼高速旋转所产生的陀螺力矩。事实上，在平衡（配平）时每对旋翼转速相等，但旋转方向相反，因此陀螺力矩相互抵消为零；如果仅仅考虑在平衡（配平）点进行小量运动，那么小量变化的旋翼转速差和机体转动运动，并不能产生起显著作用的陀螺力矩，再加上目前大多采用复合材料制造旋翼，因此旋翼质量小、转动惯量小，这也起到了减小陀螺力矩的作用[19]。

④ 四旋翼飞行器的质量是常数。如果关注短时间飞行，即使对用于运输货物的四旋翼飞行器来说也是适用的。

⑤ 假设飞行器内部质量相对于其几何对称面（机体坐标系 $O_b x_b z_b$ 平面）的分布也是对称的，这样惯性积 $I_{xy}=0$、$I_{yz}=0$。

⑥ 忽略地球公转和自转的影响，则地面坐标系和惯性坐标系可近似认为是一致的。

⑦ 忽略地球表面的曲率，视地面为平面。对于短距离（小于 200km）飞行的四旋翼飞行器是适用的。

⑧ 假设大气是平静的，重力加速度不随高度较小的改变而变化，且重力场是均匀的。

⑨ 飞行速度方向按机体坐标系方向，与机体轴方向一致为正，反之为负，且定义：

飞行速度方向与 $O_b x_b$ 方向一致，为前飞、速度为正，反之为后飞、速度为负；

飞行速度方向与 $O_b y_b$ 方向一致，为右飞、速度为正，反之为左飞、速度为负（顺 $O_b x_b$ 轴方向观察）；

飞行速度方向与 $O_b z_b$ 方向一致，为下降、速度为正，反之为上升、速度为负。

由于旋翼飞行器的固有特点，它的飞行形式不同于固定翼飞机而具有更多的灵活性。它可以实现互相解耦的质心运动形式，如前飞、后飞、右飞、左飞、垂直下降、垂直上升、悬停，而这些飞行运动之间并不存在耦合关系，即不需要通过一种运动形式来实现另外一种运动形式。

在这些运动形式中，悬停、垂直运动和前飞是三种主要的飞行运动形式，因此本章将主要研究四旋翼飞行器在这三种运动下的刚体运动方程。

建立四旋翼飞行器刚体运动方程的主要理论方法是牛顿第二定律：

$$F = ma \tag{3-1}$$

和

$$M = \frac{\mathrm{d}H}{\mathrm{d}t} \tag{3-2}$$

式(3-1)是引起刚体质心位移的力方程，其中 F 是合外力，a 是质点加速度，m 是质量，该方程描述了刚体三个自由度的位移运动；式(3-2)是引起刚体绕质心转动的力矩方程，它描述了刚体三个自由度的转动，其中 M 是合外力矩，H 是刚体的总角动量矩，t 为时间。上述两个方程完整描述了刚体的六自由度运动，这两个方程是建立四旋翼飞行器运动方程的基础。为建立运动方程，需要讨论四旋翼飞行器所受到的力和力矩以及其计算表达式。

3.2
四旋翼飞行器所受力和力矩

3.2.1 升力

由于四旋翼飞行器结构本身没有气动升力部件，因此其升力完全来自旋翼，即旋翼桨叶的自身旋转而产生升力，同时不考虑旋翼本身的时间常数，即认为升力是瞬间产生的。同时，由于目前大多数多旋翼飞行器采用的是定距螺旋桨，因此其旋翼升力特性用螺旋桨理论来描述更为合适。根据空气螺旋桨理论[20,21]，其螺旋桨拉力（即旋翼升力）向上为正并垂直于旋转平面（该平面也是桨尖平面[14,15]），且可以认为升力作用线与旋翼转轴中心线重合。其螺旋桨拉力（或旋翼升力）表达式为

$$T = \rho D^4 C_T n^2 \tag{3-3}$$

式中，T 为拉力或升力，N；ρ 为空气密度，$\mathrm{kg/m^3}$；C_T 为旋翼升力系数；n 为旋翼转速；D 为旋翼直径，m。旋翼桨叶轴中心到桨尖距离若为 R，则 $D = 2R$。若 n 的单位若为"$\mathrm{rad/s}$(弧度/秒)"，则 C_T 是无因次的；若 n 的单位为"$\mathrm{r/s}$（转/秒）"，则 C_T 是有因次的，单位为"$1/\mathrm{r^2}$"。本书将采用后者作为单位。

旋翼升力系数 C_T 可以从地面试验中得到，一般情况下也可以由制造商提供。但需要注意的是，对于该系数具有不同的定义方法[1,8]，但它们之间一般是比例关系。因此对于制造商提供的该数据，需要在了解其定义后才能加以使用。后述的有关阻力和力矩系数也是类似的。

若定义 $k_f = \rho D^4 C_T$，那么对于货架产品的定距螺旋桨来说，在某个确定高

度上 k_f 是个常数。如此，旋翼升力又可以写为

$$T = k_f n^2 \qquad (3\text{-}4)$$

由于四旋翼飞行器飞行速度较小，飞行高度也不高，旋翼转速和半径都比较小，因此其拉力系数 C_T 可作为常数处理。这样的话，式(3-4)的旋翼升力可作为转速这一单变量的函数，并与转速的平方成正比。

3.2.2　阻力

由于四旋翼飞行器固有的飞行特点，对于刚体运动来说，四旋翼飞行器只有在以较大速度飞行时，才产生对刚体运动有影响作用的气动阻力。

气动阻力主要由以下两部分组成。

一部分是旋翼在前飞时所产生的诱导阻力。从作用盘的动量理论来说，该力的方向与来流方向一致[15]；而从叶素理论角度，该力位于桨盘平面内，与机体轴 $O_b x_b$ 平行并指向后方为正[15]，也就是直升机气动理论中的 H 力或称为法向力[13,22-24]。由于这个力与前进方向相反而与来流方向一致，因此把这部分阻力称为在桨盘平面内的旋翼阻力。该阻力的形成原因，从叶素理论上来说，是叶素上气动升力和阻力所共同引起的，是其合力在桨叶旋转平面（垂直于旋转轴的平面）上的投影并指向后方；而合力投影在旋转轴方向上的力则为螺旋桨拉力（或升力）。而根据作用盘（作用盘是将旋翼简化为一个厚度为零，并能承受压力差的圆盘，其面积即为桨盘面积）动量理论[15]，在来流速度作用下，作用盘在产生升力的同时也被诱导出阻力，升力即为螺旋桨的拉力，诱导阻力与来流方向一致并为正。

另一部分是四旋翼飞行器以较大速度飞行时，机体（不包括旋翼）所引起的气动阻力，称为机体阻力。

但需要指出的是，对于目前在旋翼下方没有较大机体结构布局的四旋翼飞行器来说，在进行悬停和垂直运动时，可以不考虑由旋翼下洗尾流作用于机体而产生的阻力；如若在旋翼下方布置有较大的机体结构或设备，并且其旋翼尾流能作用于其上，那么在进行悬停和垂直运动时，就需要考虑垂直运动方向的机体阻力。这是因为，旋翼下洗气流的诱导速度 v_2[14,15] 较大（是通过旋翼诱导速度的 2 倍，见图 2-6 中的 v_{21}），在悬停和垂直运动时，对于机体结构来说，这个下洗气流相当于具有一定速度的来流，其作用在机体结构上就形成了与来流方向一致的阻力，显然这个阻力将使得四旋翼飞行器进行悬停和垂直上升运动时，旋翼和螺旋桨需要付出更多的拉（升）力。

由于四旋翼飞行器的固有特点，在悬停或以很小速度进行水平飞行时，对刚体运动来说其气动阻力可以忽略不计。只有在以较大速度飞行时，旋翼阻力和机身阻力才对刚体运动均有影响作用。以下讨论旋翼阻力和机身阻力的计算公式。

（1）旋翼阻力

若根据作用盘动量理论，则旋翼阻力与其拉力和前飞速度有关，如图 3-1 所示（仅示出 R_1 旋翼，其他旋翼同）。

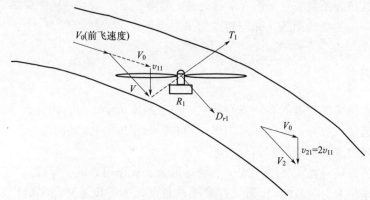

图 3-1　作用盘动量理论下，旋翼前飞时的阻力和拉力

单个旋翼的诱导阻力[15]：

$$D_r = \frac{T_1^2}{2\rho A V_0^2} \tag{3-5}$$

式中，T_1 为旋翼升力（见图 3-1），N；ρ 为当地大气密度，kg/m^3；A 为旋翼桨盘面积，m^2；V_0 为旋翼前飞速度或远方来流速度，m/s。

式（3-5）可应用于对四旋翼飞行器性能（如前飞功率等）的估算中。

根据叶素理论，前飞时旋翼飞行器升力、阻力和速度的关系如图 3-2 所示，图 3-2 也表示了在前飞时四旋翼飞行器所受阻力的情况。

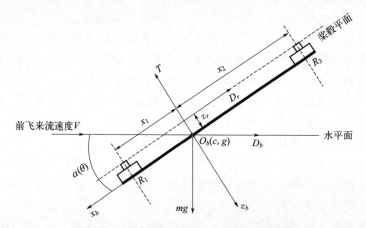

图 3-2　叶素理论下，前飞时的阻力和拉力

如图 3-2 所示，旋翼阻力 D_r 也为螺旋桨的法向力，且位于旋翼的旋转平面

内，垂直于其拉力 T 并指向右，且与机体轴 $O_b x_b$ 平行。旋翼阻力计算表达式为

$$D_r = \rho D^4 C_{Dr} n^2 \qquad (3\text{-}6)$$

式中，D_r 为旋翼阻力，N；ρ 为空气密度，kg/m^3；D 为螺旋桨直径，m；C_{Dr} 为旋翼阻力系数；n 为旋翼转速。若 n 的单位为"rad/s（弧度/秒）"，则 C_{Dr} 是无因次的；若 n 的单位为"r/s（转/秒）"，则 C_{Dr} 是有因次的，单位为"$1/r^2$"。本书将采用后者作为单位。

旋翼阻力系数 C_{Dr} 可以从其地面试验中得到或由制造商提供。

若定义 $k_d = \rho D^4 C_{Dr}$，那么对于货架产品旋翼或定距螺旋桨来说，在某个确定的高度上 k_d 是个常数。如此，旋翼阻力又可以写为

$$D_r = k_d n^2 \qquad (3\text{-}7)$$

同拉力一样，旋翼阻力也可认为仅是旋翼转速这一单变量的函数，并与转速的平方成正比。

（2）机身阻力

机身阻力仅在四旋翼飞行器具有一定的飞行速度时才能产生。为方便起见，以下讨论以前飞（机头方向为飞行方向）为例进行，其他飞行方向是类似的。

由于旋翼飞行器没有气动升力机翼，那么就无法如固定翼飞机那样，用机翼面积作为参考面积来计算阻力，而且用桨盘面积来作为参考面积也并不令人满意[14]。在这种情况下，更普遍的方法是用当量平板面积 f 来表示阻力，其 f 按如下定义[14]：

$$f = \frac{D_b}{\dfrac{1}{2}\rho V_0^2} \qquad (3\text{-}8)$$

式中，D_b 为机身阻力，N；ρ 为空气密度，kg/m^3；V_0 为前飞速度，m/s。f 的单位是 m^2，恰好是面积单位，显然它是阻力系数为 1 时的平板正面面积，即此时的机身迎角为零。机身阻力 D_b（或 f）是气动阻力，因此与来流方向一致时为正。

关于机身 f 的确定可以用小尺寸机身模型的风洞试验数据来估算，或者根据理论方法和有关经验数据先求出各部件的 f，然后累加得到。

所以，如果确定了某个飞行速度下的机身 f，然后依据式（3-8）就可以得到机身阻力了。以下讨论关于机身 f 的估算问题。

由于四旋翼飞行器的机身结构主要包括以下几个主要部件：杆、舱体和电机及外挂设备。其中，杆是旋翼/电机与机体连接的部件，一般情况下具有圆柱体外形；舱体是经过整流设计的，因此外廓可以概略为具有整流外形的长方体；电机则可以概略为圆柱体；外挂设备的外形比较复杂多样，因此需要根据具体的设备外形进行确定。

如果忽略部件之间气动干扰所形成的气动阻力，那么机身 f 可由这几部分部件的 f 叠加而成。

对于具有光滑表面、圆柱体外形的杆和电机来说，其 f 可以按下述方法估计[25]：

$$f = 1.17(d \times l) \left| \sin^3 \alpha \right| \tag{3-9}$$

式中各个参数的意义见图 3-3。对于圆柱形的杆来说，d 为圆柱直径（m），l 为圆柱长度（m）；对于电机来说，由于安装位置或来流速度的原因，此处 d 应为电机的高度，l 则为电机的直径。无论怎样，$d \times l$ 实际上是圆柱的迎风面面积。

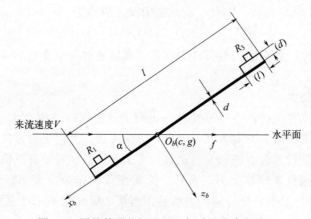

图 3-3　圆柱外形的杆和电机气动阻力参数定义

注意，若 $\alpha = 0$，则迎风面积 "$d \times l$" 应为圆柱体截面的面积，即 $\pi(d/2)^2$。

舱体阻力估算：如果舱体头部和尾部经过修形整流后，呈扁平的梯形外廓，并且其机身中间截面为长方形，那么其气动阻力表示为

$$f = 1.55(d \times l) \left| \sin^3 \alpha \right| \tag{3-10}$$

式中，d 为其舱体迎风截面中较长的边，m；l 为舱体长度，m。

将上述所有部件的 f 进行相加后，就得到了机身阻力。但必须指出，式(3-9) 和式(3-10) 仅适用于雷诺数满足 $10^4 < Re < 10^5$ 的条件时，因此在使用这些公式之前，需要校核其四旋翼飞行器能否满足这个条件，否则只能通过风洞试验确定。

（3）全机阻力 D 在参考坐标系下的表示

由于按式(3-6) 所定义的旋翼阻力 D_r，其定义在机体坐标系上是比较方便的，而机身的前飞阻力一般是定义在速度坐标系下的。通常情况下，如果四旋翼飞行器进行前飞运动，那么刚体运动中关于力的方程是建立在速度坐标系上的。因此，这就需要将 D_r 从机体坐标系转换到速度坐标系[16,18,22] 后，才能与机体阻力 D_b 进行叠加。如此，全机阻力在速度坐标系下的表示为

$$\boldsymbol{D}_a = \begin{bmatrix} \cos\alpha\cos\beta & \sin\beta & \sin\alpha\cos\beta \\ -\cos\alpha\sin\beta & \cos\beta & -\sin\alpha\sin\beta \\ -\sin\alpha & 0 & \cos\alpha \end{bmatrix} \begin{bmatrix} -(\sum D_r) \\ 0 \\ 0 \end{bmatrix} + \begin{bmatrix} -D_b \\ 0 \\ 0 \end{bmatrix}$$

式中，α、β 分别是迎角和侧滑角[16,18,22]；$\sum D_r$ 是各个旋翼阻力之和，其转换矩阵即为机体坐标系向速度坐标系进行转换的矩阵[16,18,22]，或者将上式写为

$$\boldsymbol{D}_a = \begin{bmatrix} -(\sum D_r)\cos\alpha\cos\beta - D_b \\ (\sum D_r)\cos\alpha\sin\beta \\ (\sum D_r)\sin\alpha \end{bmatrix} \qquad (3\text{-}11)$$

在式 (3-11) 中，D_r 按式 (3-6) 或式 (3-7) 求得，D_b 则按式 (3-8) 求得。

3.2.3　力矩

由于四旋翼飞行器没有可以产生气动力矩的部件，因此只能通过以下三种方法来产生绕质心的转动力矩。

① 旋翼之间升力不对称形成对质心的转动力矩；

② 旋翼之间转动力矩不对称，并作用在飞行器上而形成对质心的偏航转动力矩；

③ 由于质心位于旋翼桨盘平面下方，因此前飞时阻力对质心形成向上转动的俯仰力矩。

对于单个旋翼来说，其转矩是由其圆周力对转动轴取矩而产生的[20]，旋翼转动力矩方向与其旋转方向一致。而该力矩作用在刚体飞行器上时，则使飞行器转动方向与旋翼旋转方向相反，其转矩大小的表达式为

$$Q = \rho D^5 C_Q n^2 \qquad (3\text{-}12)$$

式中，Q 为转矩，Nm；ρ 为空气密度，kg/m^3；D 为旋翼直径，m；C_Q 为旋翼转矩或转矩系数；n 为旋翼转速。若 n 的单位为 "rad/s（弧度/秒）"，则 C_Q 是无因次的；若 n 的单位为 "r/s（转/秒）"，则 C_Q 是有因次的，单位为 "1/r^2"。本书将采用后者作为单位。

若定义 $k_m = \rho D^5 C_Q$，则式 (3-12) 可以写为

$$Q = k_m n^2 \qquad (3\text{-}13)$$

k_m 在一定高度下可以认为是个常数，而旋翼转矩系数 C_Q 可以从其地面试验中得到或由制造商提供。类似的，在这里也将转矩系数作为常数来处理，而转矩则为转速这一单变量的函数。

对于如图 2-2 所示的气动布局特点，以下将分别讨论其俯仰、滚转和偏航力矩。注意，所有的转动力矩均定义在机体坐标系上。

(1) 俯仰力矩

俯仰力矩是使飞行器发生绕机体 $O_b y_b$ 轴转动的力矩（$O_b y_b$ 轴也一并转动。可以假设有一根相对于惯性坐标系不动的轴，而将 $O_b y_b$ 轴看成套在该轴上可以转动的套管），并按右手定则，使飞行器抬头为正、低头为负。

由图 2-2 可知，利用旋翼升力不对称所形成的俯仰力矩为

$$M_T = (T_1 + T_2)x_1 - (T_3 + T_4)x_2 \tag{3-14}$$

式中，T_1、T_2 和 T_3、T_4 分别是旋翼 R_1、R_2 和 R_3、R_4 的旋翼升力，以下同。

将式(3-4)代入式(3-14)后，就得到

$$M_T = k_f x_1 (n_1^2 + n_2^2) - k_f x_2 (n_3^2 + n_4^2) \tag{3-15}$$

式中，n_1、n_2 和 n_3、n_4 分别是旋翼 R_1、R_2 和 R_3、R_4 的旋翼转速，单位为 r/s（转/秒），以下同。

显然，若 $x_1(n_1^2 + n_2^2) > x_2(n_3^2 + n_4^2)$，那么四旋翼飞行器将出现抬头力矩，反之则为低头力矩。

在前飞时，由于假定旋翼桨盘平面位于全机质心上方（见图 3-2），且距离设为 z_r（在机体坐标系下，此时 z_r 取负值），因此每个旋翼阻力 D_r 对质心的力矩为 $D_r z_r$，并使飞行器抬头，故该力矩是正的抬头力矩；而若旋翼桨盘平面在全机质心的下方（在机体坐标系下，此时 z_r 取正值），则产生使飞行器低头的负力矩。显然，在悬停或垂直运动时，该力矩可忽略不计。

因此，前飞时全机俯仰力矩为

$$M = M_T - (D_{r1} + D_{r2} + D_{r3} + D_{r4})z_r \tag{3-16}$$

将式(3-7)和式(3-15)分别代入式(3-16)得到

$$M = (-k_d z_r + k_f x_1)(n_1^2 + n_2^2) + (-k_d z_r - k_f x_2)(n_3^2 + n_4^2) \tag{3-17}$$

很明显，旋翼阻力所形成的力矩增加了使飞行器抬头的力矩。

(2) 滚转力矩

滚转力矩是使飞行器发生绕机体 $O_b x_b$ 轴转动的力矩，按右手定则，并从机尾顺 $O_b x_b$ 轴方向向前观察，则向右滚转为正，向左滚转为负。

由图 2-2 可知，全机滚转力矩为

$$L_T = (T_1 - T_2)y_1 + (T_3 - T_4)y_2 \tag{3-18}$$

将式(3-4)代入上式后，得到

$$L_T = k_f y_1 (n_1^2 - n_2^2) + k_f y_2 (n_3^2 - n_4^2) \tag{3-19}$$

式(3-19)中，若 $y_1 n_1^2 + y_2 n_3^2 > y_1 n_2^2 + y_2 n_4^2$，飞行器出现向右滚转运动；反之则出现向左滚转运动。

(3) 偏航力矩

偏航力矩是使飞行器发生绕机体 $O_b z_b$ 轴转动的力矩，按右手定则，并从飞

行器上方向下观察，则使机头顺时针转动为正，逆时针转动为负。由图 2-2 可知，由于旋翼转动力矩作用于飞行器后，飞行器的转动方向正好与旋翼的转动方向相反，因此由旋翼转动力矩不对称引起的偏航力矩可以写为

$$N_T = (Q_1 + Q_4) - (Q_2 + Q_3) \tag{3-20}$$

将式(3-13) 代入式(3-20) 后，得到

$$N_T = k_m (n_1^2 - n_2^2 - n_3^2 + n_4^2) \tag{3-21}$$

由式(3-21) 可知，若 $n_1^2 + n_4^2 > n_2^2 + n_3^2$，飞行器将出现右偏航；反之将出现左偏航。同时注意到，由于 $y_1 \neq y_2$，若设 $y_1 > y_2$，那么飞行器在进行向右偏航运动时，将有可能会出现向右滚转的运动，显然这种现象类似于固定翼飞机协调转弯运动，这对偏航运动是有利的。

当前飞时，旋翼阻力不对称（当转速不对称时就会产生）也会产生偏航力矩，其偏航力矩为

$$N_d = (D_{r2} - D_{r1})y_1 + (D_{r4} - D_{r3})y_2 \tag{3-22}$$

显然，右偏航时需要满足 $n_1^2 + n_4^2 > n_2^2 + n_3^2$，若从平衡状态出发进行右偏航，那么上述条件可等价为 $n_1 > n_2$，$n_4 > n_3$，并设 $y_1 > y_2$，$x_1 < x_2$，于是式(3-22) 所表示的力矩将可能使得飞行器出现向左偏航的趋势，在这样的情况下，N_d 相当于航向阻尼力矩。显然，对于一个旋翼绕质心完全几何对称的四旋翼飞行器来说，$N_d = 0$。

因此前飞时，全机偏航力矩为

$$N = N_T + N_d \tag{3-23}$$

当悬停或垂直运动时：$N_d = 0$。

将式(3-7) 和式(3-13) 代入式(3-23) 后，得到偏航力矩为

$$N = (k_m - k_d y_1)(n_1^2 - n_2^2) - (k_m + k_d y_2)(n_3^2 - n_4^2) \tag{3-24}$$

正如前面所分析的，如果旋翼的布局是几何不对称的，但其位置合理，那么在前飞时，旋翼阻力所形成的力矩恰为偏航阻尼力矩。

3.3
悬停运动方程

悬停时，四旋翼飞行器应该稳定在一定高度上并保持不动，或者容许围绕悬停点进行摄动。

由于悬停时没有前飞运动，因此与前飞有关的旋翼阻力和机身阻力均可以认为是零。由于无前方来流，因而在悬停或垂直运动时速度坐标系不存在，所以悬停和垂直运动适合用机体坐标系来建立运动方程。

3.3.1 机体坐标系下的力方程

关于力的方程主要是基于式(3-1)所建立，所谓在机体坐标系下的力方程，实际上是将在惯性坐标系下的式(3-1)中的力和加速度，投影或分解到机体坐标系上并建立方程[16,18,22]。

在文献[16，18]中，已经写出了惯性坐标系下的加速度在机体坐标系中投影的关系式。以下仅讨论在机体坐标系三个轴上的力表达式。

(1) 升力

四个旋翼所产生的拉力即为升力，其合升力将作用在飞行器的质心处，并且其合力向量与机体轴 $O_b z_b$ 重合且方向相反，而在其他轴的分量为零。因此升力在机体坐标系下的表示为

$$\boldsymbol{F}_{Lb} = \begin{bmatrix} 0 \\ 0 \\ -(T_1 + T_2 + T_3 + T_4) \end{bmatrix} = k_f \begin{bmatrix} 0 \\ 0 \\ -(n_1^2 + n_2^2 + n_3^2 + n_4^2) \end{bmatrix} \quad (3\text{-}25)$$

(2) 重力

由于重力是定义在惯性坐标系下的，但可以近似地在地面坐标系下来定义，故而需要将重力从地面坐标系下转换到机体坐标系[16,18,22]下。由于重力与地面坐标系的 $O_e z_e$ 轴方向一致，而在其余轴上的分量均为零，于是利用表 2-3 得到重力在机体坐标系三轴上的分量分别为

$$\boldsymbol{F}_{wb} = \begin{bmatrix} -mg\sin\theta \\ mg\cos\theta\sin\phi \\ mg\cos\theta\cos\phi \end{bmatrix} \quad (3\text{-}26)$$

式中，m 为四旋翼飞行器质量，kg；g 为当地重力加速度。由式(3-1)，并将式(3-1)中的合力写在等号的右边后，得到

$$m\boldsymbol{a}_b = \boldsymbol{F}_{Lb} + \boldsymbol{F}_{Wb} \quad (3\text{-}27)$$

式中

$$\boldsymbol{a}_b = \begin{bmatrix} a_{xb} \\ a_{yb} \\ a_{zb} \end{bmatrix} = \begin{bmatrix} \dot{u} + wq - vr \\ \dot{v} + ur - wp \\ \dot{w} + vp - uq \end{bmatrix}$$

将式(3-25)和式(3-26)分别代入式(3-27)，并在等号的两边同除以质量 m 后，得

$$\begin{cases} \dot{u} + wq - vr = -g\sin\theta \\ \dot{v} + ur - wp = g\cos\theta\sin\phi \\ \dot{w} + vp - uq = -\dfrac{k_f}{m}(n_1^2 + n_2^2 + n_3^2 + n_4^2) + g\cos\theta\cos\phi \end{cases} \quad (3\text{-}28)$$

式(3-28)即悬停时关于机体坐标系各轴上的力方程。

3.3.2 机体坐标系下的力矩方程

飞行器的力矩一般均描述在机体坐标系下，因为此时的关于力矩的方程最为简洁。

在悬停时，由于旋翼阻力为零，因此仅存在旋翼不对称拉力所形成的力矩。式(3-15)、式(3-19) 和式(3-21) 给出了悬停时的俯仰、滚转和偏航力矩表达式，按式(3-2) 即可建立关于力矩的方程。

文献 [16，18] 中已经写出了，在机体坐标系下关于式(3-2) 中 $\mathrm{d}\boldsymbol{H}/\mathrm{d}t$ 的具体表达式，同样将该式写在等号的左边，并将力矩表达式放在等号的右边后，就得到力矩方程为

$$\begin{cases} \left(\dfrac{\mathrm{d}\boldsymbol{H}}{\mathrm{d}t}\right)_x = L_T \\[2mm] \left(\dfrac{\mathrm{d}\boldsymbol{H}}{\mathrm{d}t}\right)_y = M_T \\[2mm] \left(\dfrac{\mathrm{d}\boldsymbol{H}}{\mathrm{d}t}\right)_z = N_T \end{cases} \tag{3-29}$$

具体形式为

$$\begin{cases} \dot{p}I_x - \dot{r}I_{xz} + qr(I_z - I_y) - pqI_{xz} = k_f y_1(n_1^2 - n_2^2) + k_f y_2(n_3^2 - n_4^2) \\[1mm] \dot{q}I_y + pr(I_x - I_z) + (p^2 - r^2)I_{xz} = k_f x_1(n_1^2 + n_2^2) - k_f x_2(n_3^2 + n_4^2) \\[1mm] \dot{r}I_z - \dot{p}I_{xz} + pq(I_y - I_x) + qrI_{xz} = k_m(n_1^2 - n_2^2 - n_3^2 + n_4^2) \end{cases}$$

$$\tag{3-30}$$

3.3.3 运动学方程

(1) 姿态运动学方程

与文献 [16，18] 中内容类似，机体轴转动角速度与姿态角速度之间的关系为

$$\begin{cases} \dot{\phi} = p + (q\sin\phi + r\cos\phi)\tan\theta \\[1mm] \dot{\theta} = q\cos\phi - r\sin\phi \\[1mm] \dot{\psi} = (q\sin\phi + r\cos\phi)/\cos\theta \end{cases} \tag{3-31}$$

(2) 航迹运动学方程

这个方程是将机体坐标系三轴速度 (u、v、w) 转换到地面坐标系中[16,18,22]，也就是飞行器相对于地球的速度 ($\dot{x}_e$、$\dot{y}_e$、$\dot{z}_e$)，对速度在时间轴

上进行积分就得到飞行器在地球上的轨迹或航迹（x_e、y_e、z_e）。由文献［16，18］就可得到以上所描述的关系，即

$$\begin{cases} \dot{x}_e = (\cos\psi\cos\theta)u + (\cos\psi\sin\theta\sin\phi - \sin\psi\cos\phi)v \\ \qquad + (\cos\psi\sin\theta\cos\phi + \sin\psi\sin\phi)w \\ \dot{y}_e = (\sin\psi\cos\theta)u + (\sin\psi\sin\theta\sin\phi + \cos\psi\cos\phi)v \\ \qquad + (\sin\psi\sin\theta\cos\phi - \cos\psi\sin\phi)w \\ \dot{z}_e = (-\sin\theta)u + (\cos\theta\sin\phi)v + (\cos\theta\cos\phi)w \end{cases} \tag{3-32}$$

3.3.4　几何关系方程

几何关系方程是描述姿态角、轨迹角和气流角之间关系的方程。

由于飞行器处于悬停状态，从理论上来说即使出现运动，那么机体三轴速度（u，v，w）也是非常小且是短暂的，可以认为近似为零，那么按气流角定义[16,18,22]，其气流角也近似为零，于是悬停时的几何关系方程为

$$\begin{cases} \gamma = \theta \\ \chi = \psi \\ \mu = \phi \end{cases}$$

飞行器在悬停点出现小速度的移动时，气流角对刚体动力学的影响作用仍是可以被忽略的，这是因为与气流角和速度有关的阻力太小。

3.4
垂直运动方程

垂直运动也是旋翼飞行器特有的飞行方式，即在机体近似保持水平姿态的条件下，飞行器以垂直于地面的直线轨迹进行向上或向下飞行。

如果以较小速度进行垂直运动，那么其来流作用在机身上的阻力可以被忽略，这样就可以等效为悬停状态了。

以下讨论以较大速度进行垂直飞行的情况。此时来流对机体的阻力将不可忽略，同时没有或进行小量的左右移动，因此垂直运动时，可以认为 $u \to 0$，$v \to 0$，$w \neq 0$。垂直运动时，四旋翼飞行器的受力情况如图3-4所示。

垂直运动状态下的升力、重力和力矩与悬停状态下相同，仅在方程中增加了阻力项，因此只需要写出关于力的方程就可以了。以下讨论垂直运动时的阻力。

由于假设了在进行垂直运动时，其来流速度矢量重合于机体轴 $O_b z_b$，所以其来流导致的阻力与来流速度方向一致并为正，并与机体轴 $O_b z_b$ 重合，因此将阻力放在机体坐标系上描述是适当的。

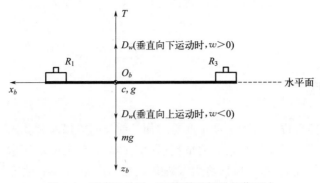

图 3-4 垂直运动时，四旋翼飞行器的作用力

假设其垂直下降时速度为 w，由于该速度方向与机体轴 $O_b z_b$ 方向一致，因此垂直下降速度为正，此时机体阻力 D_w 方向与来流方向一致向上且为负，于是垂直阻力在机体坐标系 $O_b x_b y_b z_b$ 上可以写为

$$\boldsymbol{F}_{db} = \begin{bmatrix} 0 \\ 0 \\ \mp D_w \end{bmatrix} \tag{3-33}$$

式中，在进行垂直向上运动（$w<0$）时，D_w 前的符号取为"＋"，而进行垂直向下运动（$w>0$）时，D_w 前的符号取为"－"。

因此可由式（3-28）写出在进行垂直运动时的力方程为

$$\begin{cases} \dot{u} + wq - vr = -g\sin\theta \\ \dot{v} + ur - wp = g\cos\theta\sin\phi \\ \dot{w} + vp - uq = -\dfrac{k_f}{m}(n_1^2 + n_2^2 + n_3^2 + n_4^2) + g\cos\theta\cos\phi \mp \dfrac{D_w}{m} \end{cases} \tag{3-34}$$

关于垂直运动时的机体阻力 D_w 可以按以下方法估计[25]：

圆杆和机体阻力：仍然按式（3-9）进行估算，垂直飞行时意味着 $\alpha = 90°$；

电机阻力：垂直运动时，由于安装方向的原因，电机阻力相当于式（3-9）中 $\alpha = 0°$ 的情形，即此时迎风面积为电机截面圆面积。

同样，上述阻力估计也需要在雷诺数满足 $10^4 < Re < 10^5$ 的条件下进行。将上述各部件阻力进行累加就可以得到机体 f_b，从而 D_w 为

$$D_w = \frac{1}{2}\rho w^2 f_b \tag{3-35}$$

因而式（3-34）又可以写为

$$\begin{cases} \dot{u} + wq - vr = -g\sin\theta \\ \dot{v} + ur - wp = g\cos\theta\sin\phi \\ \dot{w} + vp - uq = -\dfrac{k_f}{m}(n_1^2 + n_2^2 + n_3^2 + n_4^2) + g\cos\theta\cos\phi \mp \dfrac{\rho f_b}{2m}w^2 \end{cases} \tag{3-36}$$

进行垂直运动时，力矩方程同式(3-30)，姿态运动学方程同式(3-31)，航迹运动学方程同式(3-32)。

3.5
前飞运动方程

相对于悬停来说，前飞运动主要是增加了前飞阻力以及旋翼阻力所引起的附加力矩，并且前飞运动具有较大的来流速度（即具有较大的动压水平，因而不能忽略所引起的空气动力），所以将力方程建立在速度坐标系上是比较方便的（见图3-2）。故而需要将旋翼升力和重力转换到速度坐标系中，阻力在速度坐标系下的表示如式(3-11)所示；而在力矩方程中，需要加入旋翼阻力不对称所引起的俯仰力矩［式(3-17)］和偏航力矩［式(3-24)］。

3.5.1 速度坐标系下的力方程

(1) 旋翼升力的合力在速度坐标系下的表示

由于旋翼升力是建立在机体坐标系下的，所以需要采用变换矩阵[16,18,22]将其转换到速度坐标系下。于是旋翼升力在速度坐标系下为

$$\boldsymbol{F}_{La} = \begin{bmatrix} -(T_1+T_2+T_3+T_4)\sin\alpha\cos\beta \\ (T_1+T_2+T_3+T_4)\sin\alpha\sin\beta \\ -(T_1+T_2+T_3+T_4)\cos\alpha \end{bmatrix}$$

或者

$$\boldsymbol{F}_{La} = k_f \begin{bmatrix} -(n_1^2+n_2^2+n_3^2+n_4^2)\sin\alpha\cos\beta \\ (n_1^2+n_2^2+n_3^2+n_4^2)\sin\alpha\sin\beta \\ -(n_1^2+n_2^2+n_3^2+n_4^2)\cos\alpha \end{bmatrix} \tag{3-37}$$

(2) 阻力在速度坐标系下的表示

由于前飞时速度坐标系下机体阻力 D_b（作用于质心并向后为正）可以写为

$$D_b = \frac{1}{2}\rho V^2 f_b \tag{3-38}$$

式中，f_b 是四旋翼飞行器所有部件 f 之和；V 为前飞速度。

由式(3-7)，得到机体坐标系下作用于质心的旋翼合阻力（向后为正）为

$$D_r = k_d (n_1^2+n_2^2+n_3^2+n_4^2) \tag{3-39}$$

由式(3-11)，得到速度坐标系下的阻力表达式：

$$\boldsymbol{D}_a = \begin{bmatrix} -k_d(n_1^2+n_2^2+n_3^2+n_4^2)\cos\alpha\cos\beta - \dfrac{1}{2}\rho V^2 f_b \\ k_d(n_1^2+n_2^2+n_3^2+n_4^2)\cos\alpha\sin\beta \\ k_d(n_1^2+n_2^2+n_3^2+n_4^2)\sin\alpha \end{bmatrix} \tag{3-40}$$

(3) 重力在速度坐标系下的表示

同样，需要将重力从地面坐标系转换到速度坐标系下表示[16,18,22]，由此得到

$$\boldsymbol{F}_{wb} = \begin{bmatrix} -mg\sin\gamma \\ mg\cos\gamma\sin\mu \\ mg\cos\gamma\cos\mu \end{bmatrix} \tag{3-41}$$

于是四旋翼飞行器的力方程为

$$m\boldsymbol{a}_a = \boldsymbol{F}_{La} + \boldsymbol{D}_a + \boldsymbol{F}_{wa} \tag{3-42}$$

式中

$$\boldsymbol{a}_a = \begin{bmatrix} a_{xa} \\ a_{ya} \\ a_{za} \end{bmatrix} = \begin{bmatrix} \dot{V} \\ Vr_a \\ -Vq_a \end{bmatrix}$$

将力的表达式［式(3-37)、式(3-40) 及式(3-41)］代入，并在式(3-42) 等号两边同除以质量 m 后，得到关于力方程的具体表达式为

$$\begin{cases} \dot{V} = -\dfrac{1}{m}(k_f\sin\alpha\cos\beta + k_d\cos\alpha\cos\beta)(n_1^2+n_2^2+n_3^2+n_4^2) \\ \qquad -\dfrac{1}{2m}\rho V^2 f_b - g\sin\gamma \\ Vr_a = \dfrac{1}{m}(k_f\sin\alpha\sin\beta + k_d\cos\alpha\sin\beta)(n_1^2+n_2^2+n_3^2+n_4^2) \\ \qquad + g\cos\gamma\sin\mu \\ -Vq_a = \dfrac{1}{m}(-k_f\cos\alpha + k_d\sin\alpha)(n_1^2+n_2^2+n_3^2+n_4^2) \\ \qquad + g\cos\gamma\cos\mu \end{cases} \tag{3-43}$$

3.5.2 机体坐标系下的力矩方程

无论是什么飞行状态，力矩方程始终在机体坐标系下描述是最为简洁。前飞时，俯仰力矩为式(3-17)，滚转力矩仍为式(3-19)，而偏航力矩为式(3-24)，于是力矩方程详细表达式为

$$
\begin{cases}
\dot{p}I_x - \dot{r}I_{xz} + qr(I_z - I_y) - pqI_{xz} \\
\quad = k_f y_1(n_1^2 - n_2^2) + k_f y_2(n_3^2 - n_4^2) \\
\dot{q}I_y + pr(I_x - I_z) + (p^2 - r^2)I_{xz} \\
\quad = (-k_d z_r + k_f x_1)(n_1^2 + n_2^2) - (k_d z_r + k_f x_2)(n_3^2 + n_4^2) \\
\dot{r}I_z - \dot{p}I_{xz} + pq(I_y - I_x) + qrI_{xz} \\
\quad = (k_m - k_d y_1)(n_1^2 - n_2^2) - (k_m + k_d y_2)(n_3^2 - n_4^2)
\end{cases}
\tag{3-44}
$$

3.5.3 运动学方程

除了式(3-31)外，还需增加描述前飞时速度坐标系三轴转动角速度（p_a，q_a，r_a）和轨迹角速度（$\dot{\mu}$，$\dot{\gamma}$，$\dot{\chi}$）之间关系的方程[16,18,22]：

$$
\begin{cases}
\dot{\mu} = p_a + (q_a \sin\mu + r_a \cos\mu)\tan\gamma \\
\dot{\gamma} = q_a \cos\mu - r_a \sin\mu \\
\dot{\chi} = (q_a \sin\mu + r_a \cos\mu)/\cos\gamma
\end{cases}
\tag{3-45}
$$

另外，还需将速度坐标系的前飞速度转换为地面坐标系的三轴速度[16,18,22]：

$$
\begin{cases}
\dot{x}_e = V\cos\chi \cos\gamma \\
\dot{y}_e = V\sin\chi \cos\gamma \\
\dot{z}_e = -V\sin\gamma
\end{cases}
\tag{3-46}
$$

3.5.4 几何关系方程

几何关系方程描述了姿态角、轨迹角和气流角之间的关系[16,18,22]：

$$
\begin{cases}
\sin\gamma = \cos\alpha \cos\beta \sin\theta - (\sin\alpha \cos\beta \cos\phi + \sin\beta \sin\phi)\cos\theta \\
\sin\chi \cos\gamma = \cos\alpha \cos\beta \cos\theta \sin\psi + (\sin\psi \sin\theta \cos\phi - \cos\psi \sin\phi) \\
\qquad \sin\alpha \cos\beta + \sin\beta(\sin\phi \sin\theta \sin\psi + \cos\psi \cos\phi) \\
\sin\mu \cos\gamma = \cos\alpha \sin\beta \sin\theta - (\sin\alpha \sin\beta \cos\phi - \cos\beta \sin\phi)\cos\theta
\end{cases}
\tag{3-47}
$$

因而在前飞时，共有 18 个方程组成了刚体运动方程，其中只有几何关系方程为代数方程，其余均为微分方程。

至此，已经建立了四旋翼飞行器关于悬停、垂直运动和前飞的刚体运动学方程。而力和力矩方程是最重要的，它们决定了四旋翼飞行器的运动条件和性能。由于四旋翼飞行器的旋翼采用的是定距螺旋桨，因此能改变升力或力矩大小和方向的唯一方法就是改变各旋翼的转速的大小，也就是说，旋翼转速大小的变化将使四旋翼飞行器发生六自由度运动响应。因此，从系统角度来说，转速将是四旋翼飞行器的唯一输入。

第4章
平衡运动特性

四旋翼飞行器的平衡（或者称为配平）是飞行器运动研究的重要内容。所谓平衡运动就是符合牛顿第一定律的运动，或者说飞行器处于力和力矩平衡的一种运动状态，在航空术语中也称为"配平"。从控制理论的角度来说，平衡运动也就是飞行器处于稳态的一种运动。当四旋翼飞行器处于平衡状态后，研究其运动变量所满足条件或所呈现关系的问题，在飞行动力学中被称为静稳定性和静操纵性问题。

静稳定性是指：处于平衡状态的多旋翼飞行器如果遭遇外部小扰动，其飞行器是否能依靠自身的特性具有重新回到平衡状态的趋势或能力，或者是重新回到平衡状态应具备的条件，而这个条件则是飞行器设计的重要原则。

静操纵性是指：如果通过操纵使多旋翼飞行器从一个平衡状态进入另一平衡状态，那么所需要的操纵量（转速）是多少？如何来衡量或评价这个操纵的优劣或效率？

静稳定性和静操纵性给出了四旋翼飞行器进行飞行所需要满足的一些基本条件，这些条件对指导飞行器设计具有非常重要的意义。同样本章也将研究在平衡状态下，四旋翼飞行器运动变量所需遵循的条件和性质，而研究所用的方程则为在刚体运动方程基础上所得到的平衡方程。

4.1
悬停平衡特性

4.1.1　平衡运动表示和方程

悬停时的平衡一般来说就是其飞行器所受外力和外力矩之和为零；而从表现形式来看，飞行器在空中应处于质点位移和速度、加速度均为零，以及转动角速度为零的状态。因此，悬停平衡时，其刚体运动方程中的运动变量应满足的条件是：

① $x_{e0}=0$，$y_{e0}=0$，$z_{e0}=0$ 及 $\dot{x}_{e0}=0$，$\dot{y}_{e0}=0$，$\dot{z}_{e0}=0$；

② $u_0=0$，$v_0=0$，$w_0=0$；

③ $p_0=0$，$q_0=0$，$r_0=0$。

注意：上述变量符号下标标注为"0"，是表示该运动变量是在平衡或配平状态下的运动变量，以下均同。

其中①和②的条件是等价的，只是条件①更容易被观察到。

同时在平衡运动时，按牛顿第一定律，所有的加速度项应为零，于是将上述条件分别代入式(4-28)和式(4-30)后就得到了悬停时的力平衡方程：

$$\begin{cases} -g\sin\theta_0=0 \\ g\cos\theta_0\sin\phi_0=0 \\ -\dfrac{k_f}{m}(n_{10}^2+n_{20}^2+n_{30}^2+n_{40}^2)+g\cos\theta_0\cos\phi_0=0 \end{cases} \tag{4-1}$$

力矩平衡方程为

$$\begin{cases} k_f y_1(n_{10}^2-n_{20}^2)+k_f y_2(n_{30}^2-n_{40}^2)=0 \\ k_f x_1(n_{10}^2+n_{20}^2)-k_f x_2(n_{30}^2+n_{40}^2)=0 \\ k_m(n_{10}^2-n_{20}^2-n_{30}^2+n_{40}^2)=0 \end{cases} \tag{4-2}$$

上述两个方程是研究悬停平衡运动的出发方程，以下将根据这两个方程研究悬停平衡运动的条件和性质。

4.1.2 平衡运动条件和性质

从上述两式中可以得到维持悬停平衡的力和力矩条件。

从式(4-1)中得到以下结论：

① 悬停平衡时，$\theta_0=0$，$\phi_0=0$。这表明悬停平衡时，四旋翼飞行器处于与地面平行的水平状态，这也是维持 $u_0=0$，$v_0=0$ 的条件。

② 要维持悬停平衡，那么旋翼合升力必须等于重力，此时可满足 $w_0=0$，即

$$k_f(n_{10}^2+n_{20}^2+n_{30}^2+n_{40}^2)=mg \tag{4-3}$$

从式(4-2)中，得出以下结论：

① 若要维持 $\phi_0=0$，$p_0=0$ 以及 $r_0=0$，则需要滚转和偏航力矩为零，即

$$n_{10}=n_{20},n_{30}=n_{40} \tag{4-4}$$

② 若要维持 $\theta_0=0$，$q_0=0$，则需要满足式(4-2)中第二个方程，即俯仰力矩为零，利用式(4-4)的结果得到

$$n_{10} = n_{20} = n_{30} \sqrt{\frac{x_2}{x_1}} = n_{40} \sqrt{\frac{x_2}{x_1}} \tag{4-5}$$

③ 利用式（4-3）和式（4-5）可以得到悬停平衡时的旋翼转速条件为

$$n_{10} = n_{20} = \sqrt{\frac{mg}{2k_f} \times \frac{x_2}{x_1 + x_2}} \tag{4-6}$$

以及

$$n_{30} = n_{40} = \sqrt{\frac{mg}{2k_f} \times \frac{x_1}{x_1 + x_2}} \tag{4-7}$$

如果四旋翼飞行器处于 4.1.1 节所描述的悬停平衡状态，则式（4-6）和式（4-7）表示了其转速所需要满足的条件。明显的，如果四个旋翼绕质心并关于机体 $O_b x_b$ 轴对称，即 $x_1 = x_2$，那么悬停平衡情况下，各旋翼的转速将完全一致，且为

$$n_{10} = n_{20} = n_{30} = n_{40} = 0.5 \sqrt{\frac{mg}{k_f}} \tag{4-8}$$

从上述推导中可以看出，如果旋翼转速严格满足式（4-6）和式（4-7）的条件，那么就能实现悬停平衡运动。

由于 $k_f = \rho D^4 C_T$，代入式（4-6）和式（4-7）后，得到

$$n_{10} = n_{20} = \sqrt{\frac{mg}{2\rho D^4 C_T} \times \frac{x_2}{x_1 + x_2}}$$

以及

$$n_{30} = n_{40} = \sqrt{\frac{mg}{2\rho D^4 C_T} \times \frac{x_1}{x_1 + x_2}}$$

于是从上述两式可以得到如下的结论：

① 在不同的高度下悬停时，其需用转速是不同的，基本上转速是随着高度增加（ρ 减小）而增加，同时旋翼功率也将会增加。

② 螺旋桨直径对悬停转速影响比较大。随着旋翼（螺旋桨）直径的增加，悬停平衡转速呈下降的趋势，旋翼功率也下降。其原因就在于，旋翼直径增加，桨盘面积 A 也随之增加，那么在悬停时重力不变的条件下，其桨盘载荷 mg/A 将变小。因此根据动量理论，气流穿过桨盘的下洗速度 v_1 也将减小［见式（2-8）和式（2-9）］，从而悬停时的旋翼需用功率将会下降。

因此，适当增加旋翼直径，可以减小悬停平衡时的旋翼需用功率和转速，这对电力驱动的多旋翼飞行器来说是有意义的。

4.2
垂直运动平衡特性

4.2.1 平衡运动表示及方程

垂直运动的平衡是指四旋翼飞行器的垂直速度为常数时的运动状态，因为按牛顿第一定律匀速直线运动也是平衡运动的一种形式。垂直运动时，作用于四旋翼飞行器上的纵向力如图 3-4 所示。

因此，若四旋翼飞行器处于垂直运动平衡时，其运动变量应符合以下特征：

① $x_{e0}=0$，$y_{e0}=0$，$z_{e0}\neq 0$ 及 $\dot{x}_{e0}=0$，$\dot{y}_{e0}=0$，$\dot{z}_{e0}=c$；

② $u_0=0$，$v_0=0$，$w_0=c$；

③ $p_0=0$，$q_0=0$，$r_0=0$。

上述特征中，"c"表示常数。

将以上特征分别代入式(3-36)，并且将该式的加速度项设为零后，就得到力平衡方程：

$$\begin{cases} -g\sin\theta_0=0 \\ g\cos\theta_0\sin\phi_0=0 \\ -\dfrac{k_f}{m}(n_{10}^2+n_{20}^2+n_{30}^2+n_{40}^2)+g\cos\theta_0\cos\phi_0\mp\dfrac{\rho f_b}{2m}w_0^2=0 \end{cases} \tag{4-9}$$

式中，最后一个方程等号左边表达式的最后一项中，当进行垂直上升运动时，其前面的符号取"＋"；而进行垂直向下运动时，其符号取"－"。

力矩平衡方程同式(4-2)。

4.2.2 平衡运动条件和性质

① 从式(4-9)的第一和第二个方程中得到，在垂直平衡飞行时保持飞行器不发生左右前后位移运动的条件（这一特点与悬停是相同的）是 $\theta_0=0$ 及 $\phi_0=0$。

② 从式(4-9)的第三个方程中得到，在垂直平衡飞行时的垂直速度为

$$w_0=\pm\sqrt{\mp\dfrac{2m}{\rho f_b}\left[\dfrac{k_f}{m}(n_{10}^2+n_{20}^2+n_{30}^2+n_{40}^2)-g\cos\theta_0\cos\phi_0\right]}$$

代入 $\theta_0=0$，$\phi_0=0$ 后得

$$w_0=\pm\sqrt{\mp\dfrac{2m}{\rho f_b}\left[\dfrac{k_f}{m}(n_{10}^2+n_{20}^2+n_{30}^2+n_{40}^2)-g\right]} \tag{4-10}$$

注意式(4-10) 等号右侧根号内的符号"∓"定义为：垂直上升时取"+"，垂直下降时取"−"。

而根号外的符号"±"，其"+"表示垂直速度 w_0 方向与机体 $O_b z_b$ 轴方向一致，"−"则表示垂直速度 w_0 方向与机体 $O_b z_b$ 轴方向相反。

从式(4-10) 中能得到如下结论：

① 当垂直向上飞行时，旋翼转速必须满足

$$\frac{k_f}{m}(n_{10}^2 + n_{20}^2 + n_{30}^2 + n_{40}^2) > g \tag{4-11}$$

显然这也是旋翼合升力大于重力的条件，也就是旋翼必须加大转速直至大于重力，才能获得向上飞行的速度，此时垂直速度方向与机体 $O_b z_b$ 轴方向相反（为负）。

② 当垂直向下飞行时，旋翼转速应满足

$$\frac{k_f}{m}(n_{10}^2 + n_{20}^2 + n_{30}^2 + n_{40}^2) < g \tag{4-12}$$

垂直下降时，旋翼合升力应小于四旋翼飞行器重力，也就是旋翼应该减速直至满足这个条件后，四旋翼飞行器才能获得垂直下降速度，此时该速度方向与机体 $O_b z_b$ 轴方向一致（为正）。

③ 在全机力矩平衡条件下，四旋翼飞行器以匀速 w_0 进行垂直上升或下降时的各旋翼转速条件为

$$n_{10} = n_{20} = \sqrt{\frac{mg \mp 0.5\rho w_0^2 f_b}{2k_f} \times \frac{x_2}{x_1 + x_2}} \tag{4-13}$$

$$n_{30} = n_{40} = \sqrt{\frac{mg \mp 0.5\rho w_0^2 f_b}{2k_f} \times \frac{x_1}{x_1 + x_2}} \tag{4-14}$$

若 $x_1 = x_2$，那么各旋翼的转速将完全一致，且为

$$n_{10} = n_{20} = n_{30} = n_{40} = 0.5\sqrt{\frac{mg \mp 0.5\rho w_0^2 f_b}{k_f}} \tag{4-15}$$

式(4-14) 和式(4-15) 表示了如果要达到垂直上升或下降的常速度 w_0，旋翼转速所需要满足的条件。显然垂直上升时，转速要高一些；而下降时转速要低一些。

在垂直飞行时，旋翼的转速与功率也与高度和旋翼直径有关，这一结论与悬停时是相同的。只是在垂直飞行时，相较于悬停而言，机体阻力使得需要增加旋翼的转速和功率，从能量角度来说，需用旋翼的功率来转换为飞行器所增加的动能和势能；同理，在垂直下降时，需要减小旋翼的转速和功率，以便于将势能转换为动能。

4.3
前飞运动平衡特性

4.3.1 平衡运动表示及方程

首先要对前飞平衡运动做出定义。在本章中所研究的前飞平衡运动指的是：四旋翼飞行器进行无侧滑、无滚转的等速直线水平飞行，或称为等直平飞。

"无侧滑、无滚转"，即 $\beta_0 = 0$ 和 $\phi_0 = 0$，侧向力处于平衡状态；"等速水平直线飞行"意味着前飞速度不变，且轨迹角 $\gamma_0 = 0$。在水平直线前飞时，作用于四旋翼飞行器的纵向力如图 3-2 所示。因此在进行前飞平衡运动时，四旋翼飞行器的运动变量应符合：

① $x_{e0} \neq 0$，$y_{e0} = 0$，$z_{e0} = c$ 及 $\dot{x}_{e0} = c$，$\dot{y}_{e0} = 0$，$\dot{z}_{e0} = 0$；

② $V_0 = c$；

③ $p_0 = 0$，$q_0 = 0$，$r_0 = 0$；

④ $\beta_0 = 0$，$\gamma_0 = 0$，$\mu_0 = 0$，$\phi_0 = 0$。

上述特征中，"c"表示常数。

关于力和力矩的平衡方程，依据式（3-43）和式（3-44）就可得到。将式中所有加速度项设为零，同时代入上述特征后就得到力平衡方程。很显然，由于没有侧滑，式（3-43）中的第二个方程不存在，故而力平衡方程为

$$\begin{cases} \dfrac{1}{m}(k_f \sin\alpha_0 + k_d \cos\alpha_0)(n_{10}^2 + n_{20}^2 + n_{30}^2 + n_{40}^2) + \dfrac{1}{2m}\rho V_0^2 f_{b0} = 0 \\ \dfrac{1}{m}(-k_f \cos\alpha_0 + k_d \sin\alpha_0)(n_{10}^2 + n_{20}^2 + n_{30}^2 + n_{40}^2) + g = 0 \end{cases} \tag{4-16}$$

从式（3-44）中得到力矩平衡方程：

$$\begin{cases} k_f y_1 (n_{10}^2 - n_{20}^2) + k_f y_2 (n_{30}^2 - n_{40}^2) - 0 \\ (-k_d z_r + k_f x_1)(n_{10}^2 + n_{20}^2) + (-k_d z_r - k_f x_2)(n_{30}^2 + n_{40}^2) = 0 \\ (k_m - k_d y_1)(n_{10}^2 - n_{20}^2) - (k_m + k_d y_2)(n_{30}^2 - n_{40}^2) = 0 \end{cases} \tag{4-17}$$

将前边有关平衡运动时的变量特征，代入式（3-47）中的第一个方程后得到

$$\theta_0 = \alpha_0 \tag{4-18}$$

式（4-18）是实现等直平飞的条件之一，这也是一个重要的条件。

4.3.2 前飞速度条件和性质

(1) 产生前飞速度的条件

将式（4-16）中第一式除以第二式，并进行处理后得到前飞速度 V 的表达式：

$$V_0 = \sqrt{-\frac{2mg}{\rho f_{b0}} \tan(\alpha_0 + \varepsilon)} \qquad (4\text{-}19)$$

在式(4-19)中，旋翼阻升角 ε 定义为

$$\varepsilon = \arctan\frac{k_d}{k_f} = \arctan\frac{C_{Dr}}{C_T} \qquad (4\text{-}20)$$

且 $\varepsilon > 0$，对所有飞行状态成立。

由于 α_0 不易测量，因此利用式(4-18)的条件，并代入式(4-19)后得到

$$V_0 = \sqrt{-\frac{2mg}{\rho f_{b0}} \tan(\theta_0 + \varepsilon)} \qquad (4\text{-}21)$$

只要在平飞过程中始终保持 $\gamma_0 = 0$ 或高度始终保持不变，那么式(4-21)成立。由式(4-21)可知，产生前飞速度的条件是

$$-90° < \theta_0 + \varepsilon < 0 \qquad (4\text{-}22)$$

这就是说，若四旋翼飞行器要进行前飞，那么飞行器必须低头，在克服 ε 后保持一个合适的负俯仰角。

若 ε 是个小量，那么可以设 $\varepsilon \approx 0$（此处实际上假定了 $k_d \approx 0$，在小速度下具有足够的精度），于是式(4-22)可以简化为

$$-90° \leqslant \theta_0 < 0 \qquad (4\text{-}23)$$

这也意味着只要四旋翼飞行器低头产生一个负俯仰角并保持，就能产生前飞速度：

$$V_0 = \sqrt{-\frac{2mg}{\rho f_{b0}} \tan\theta_0} \qquad (4\text{-}24)$$

式(4-24)是多旋翼飞行器理论中经常被引用的前飞条件，也就是多旋翼飞行必须低头或前倾才能前飞的结论。而从动力学的过程来看，按式(4-21)或式(4-24)，为了获得前飞速度，飞行器首先必须产生一个低头的负俯仰角。

但严格来说，低头俯仰角的大小能否实现前飞，还与 ε 有关，若 $|\theta_0| < \varepsilon$，则 $\theta_0 + \varepsilon > 0$，那么前飞还是实现不了的，因此前飞时所给定的 $|\theta_0|$ 数值不能太小，具体分析如下：

由于 ε 必须在达到一定速度（动压）后才能出现，因此在前飞的初期，当给定一个负俯仰角后，将产生按式(4-24)的前飞速度。而当前飞速度逐渐变大直至出现 ε 不能被忽略后，将出现以下两种情况：

一种是初期所给定的负俯仰角足够大，并在克服 ε 后仍能维持负俯仰角姿态，那么飞行器将继续前飞，但速度会有所降低；

另外一种情况，就是在前飞初期给定的负俯仰角绝对值较小，因此当出现 ε 后，就不能保持负俯仰角的姿态，从而使四旋翼飞行器逐渐减速，并可能使速度减小到零而悬停。

所以在前飞的初始阶段时，负俯仰角的绝对值不宜过小，或者在前飞的过程

中随着速度的增加而逐步增大低头角度。

由此可见，前飞速度控制是比较复杂的。操纵时，若能直接给出速度指令显然要比直接给俯仰姿态指令要更加合理，而这要通过飞行控制系统才能实现。

(2) 前飞平衡运动时的旋翼转速

如果给定一个低头俯仰角 $-\theta_0$，按式(4-21)，四旋翼飞行器将获得一个前飞速度 $V_0 = \sqrt{-2mg \tan (-\theta_0 + \varepsilon)/\rho f_b}$，且还要同时满足 4.3.1 节中关于前飞的一系列平衡运动的要求。于是由式(4-17)关于力矩平衡的方程中得到转速应满足的条件是

$$n_{10} = n_{20} = n_{30} \sqrt{\frac{k_f x_2 + k_d z_r}{k_f x_1 - k_d z_r}} = n_{40} \sqrt{\frac{k_f x_2 + k_d z_r}{k_f x_1 - k_d z_r}} \tag{4-25}$$

将式(4-25)代入式(4-16)的第二个方程中，并利用式(4-18)，得到既满足力矩平衡又能维持飞行器在空中飞行的前飞平衡运动需用转速为

$$n_{10} = n_{20} = \sqrt{\frac{mg}{2(k_f \cos\theta_0 - k_d \sin\theta_0)} \times \frac{k_f x_2 + k_d z_r}{k_f (x_1 + x_2)}} \tag{4-26}$$

以及

$$n_{30} = n_{40} = \sqrt{\frac{mg}{2(k_f \cos\theta_0 - k_d \sin\theta_0)} \times \frac{k_f x_1 - k_d z_r}{k_f (x_1 + x_2)}} \tag{4-27}$$

当然在设计时也可以给定一个前飞速度 V_0，然后求取需用俯仰角 $-\theta_0$，再计算前飞平衡转速。同样由式(4-21)得到对应前飞速度 V_0 的俯仰角为

$$\theta_0 = -\arctan \frac{\rho V_0^2 f_{b0}}{2mg} - \varepsilon \tag{4-28}$$

于是再由式(4-26)和式(4-27)计算得到各旋翼的前飞平衡转速。

(3) 前飞速度稳定性

本节所讨论的前飞速度稳定性，指的是前飞过程中，在俯仰角没有变化的情况下，仅由外干扰使得四旋翼飞行器突然加速或减速，飞行器能否依赖自己的能力使其具有回到原来速度的运动趋势，或称为速度静稳定性问题。它并非反映动态响应过程中速度变量是否收敛问题，而仅仅是四旋翼飞行器在李雅普诺夫运动稳定性意义下的必要条件[16]。研究静稳定性的出发方程则是前飞平衡方程[式(4-16)和式(4-17)]。

从式(4-16)的第一个方程中可知，如果外干扰使飞行器加速而俯仰角没有变化，那么机身阻力就会增加，同时按照作用盘理论可知旋翼诱导阻力同时也会增加，特别是对于质心位于旋翼桨尖平面布局的飞行器来说，所增加的旋翼阻力将使飞行器抬头，从而减小低头俯仰角 θ_0，因而根据式(4-21)，前飞速度将减小。由于桨尖平面一般都高于质心位置，因此只要存在由旋翼阻力而导致的抬头力矩，就能使飞行器具有向上抬头的俯仰运动，从而出现减小前飞速度的趋势。

同样，当外干扰使速度减小时，其旋翼和机体阻力也将减小，那么旋翼阻力所引起的抬头力矩将会减小，因此飞行器将出现低头或更加前倾，从而出现前飞速度增加的趋势。所以四旋翼飞行器总是具有速度稳定性的。以下研究有关速度静稳定性的条件和判据。

前飞平衡运动时俯仰力矩为

$$M=(-k_d z_r+k_f x_1)(n_{10}^2+n_{20}^2)+(-k_d z_r-k_f x_2)(n_{30}^2+n_{40}^2) \quad (4\text{-}29)$$

若旋翼转速没有改变，那么 k_d、k_f 将随着前飞速度 V 的增加（或减小）而增加（或减小）[1,2]，因此有

$$\frac{\partial k_d}{\partial V_0}>0, \frac{\partial k_f}{\partial V_0}>0$$

于是将式(4-29)对前飞速度 V 进行求导，并利用横侧向力矩平衡条件 $n_{10}=n_{20}$ 和 $n_{30}=n_{40}$ 得到

$$\frac{\partial M}{\partial V_0}=-2(n_{10}^2+n_{30}^2)z_r\frac{\partial k_d}{\partial V_0}+2(x_1 n_{10}^2-x_2 n_{30}^2)\frac{\partial k_f}{\partial V_0} \quad (4\text{-}30)$$

显然速度稳定性的条件是

$$\frac{\partial M}{\partial V_0}>0 \quad (4\text{-}31)$$

这意味着，当前飞速度受扰动影响而增加时，四旋翼飞行器应产生抬头力矩，以减小前飞所需的低头俯仰角来降低速度，使前飞速度回到原来的速度上去；当速度减小时，应产生低头力矩，以增加低头俯仰角来增加速度，以维持前飞速度不变。

对于式(4-30)来说，若 $z_r \leqslant 0$（旋翼桨盘平面位于全机质心上方），则如果满足 $x_1 n_{10}^2-x_2 n_{30}^2 \geqslant 0$，即

$$n_{10} \geqslant n_{30}\sqrt{\frac{x_2}{x_1}} \quad (4\text{-}32)$$

那么式(4-30)就能满足 $(\partial M/\partial V_0)>0$，从而具有速度稳定性。

当旋翼布局满足 $x_1=x_2$，并且四个旋翼具有相同的转速时，前飞平衡转速自然满足式(4-32)，从而具有速度稳定性。

注意，式(4-32)的条件太强，按式(4-30)，如果要满足速度稳定性要求，则只要

$$-(n_{10}^2+n_{30}^2)z_r\frac{\partial k_d}{\partial V_0}+x_1 n_{10}^2\frac{\partial k_f}{\partial V_0}>x_2 n_{30}^2\frac{\partial k_f}{\partial V_0}$$

或者

$$\left(\frac{n_{10}}{n_{30}}\right)^2\left(\frac{x_1}{x_2}-\frac{z_r}{x_2}\times\frac{\partial k_d}{\partial k_f}\right)-\frac{z_r}{x_2}\times\frac{\partial k_d}{\partial k_f}>1 \quad (4\text{-}33)$$

式(4-33)是速度稳定性的一个较弱条件。在式(4-33)中，若 $|z_r| \ll x_2$，

那么

$$\frac{z_r}{x_2} \approx 0 \qquad\qquad (4\text{-}34)$$

将式(4-34) 结果代入式(4-33) 后，就得到与式(4-32) 相同的结果。所以式(4-32) 可以作为速度静稳定性的初步判据来使用，如果不满足的话，那么还需要用式(4-33) 来判定。

因此，从总体设计的角度来说，为了维持速度稳定性，必须使得旋翼的位置满足 $z_r \leqslant 0$，即旋翼桨盘平面位于全机质心上方，或满足式(4-34)。

同样，根据速度静稳定性条件也能推出关于迎角静稳定性的条件。由于迎角或俯仰角的变化最终带来的是速度的变化，因此如果具有速度静稳定性，那么迎角或俯仰角具有静稳定性也是必然的，就是说它们的判据条件是等价的。

4.4
前飞纵向机动性

4.4.1　机动性和意义

对于四旋翼飞行器来说，所谓前飞纵向机动运动是指四旋翼飞行器在保持向前飞行速度不变的平衡运动时，在铅垂平面内进行向上的定常垂直运动。因此，在前飞速度和垂直上升速度的共同作用下，飞行器呈现爬升飞行的形式。

对于四旋翼飞行器来说，为了实现爬升飞行只能采取以下的方式：前飞中，在保持飞行器低头前倾姿态不变，进行平衡运动时，即在纵向俯仰力矩平衡的条件下，使四个旋翼同时增加转速以获得升力增量，这样旋翼合升力在重力方向上的分量将大于重力，从而实现垂直向上运动；在前飞速度和垂直上升速度的共同作用下，四旋翼飞行器的速度向量方向将向上倾斜，实现其爬升运动。

在上升过程中，升力的增加将产生一定的过载，而此时旋翼转速所产生的过载特性，则是衡量四旋翼飞行器纵向机动能力的重要指标，也称为机动性指标。这一问题相当于飞行动力学中的纵向定常拉升问题[13,22]。

4.4.2　纵向机动性运动描述和静操纵性

假定机动性运动是从等速直线平飞的前飞平衡运动出发，然后同步增加各旋翼的转速进行机动，旋翼拉力随之增加，且各旋翼所增加的转速仍然可使全机力矩处于平衡状态，从而飞行器在姿态不变的条件下进行爬升运动。

因此在进行机动时，飞行器的姿态仍然保持原前飞平衡姿态 θ_0 不变，但速度矢量由于旋翼合力的增加而向上倾斜，因此产生正的轨迹角 $\gamma > 0$，同时迎角仍为负但绝对值增加，如图 4-1 所示。

4.3.1 节对运动变量的描述中，除了 $\gamma \neq 0$ 不同以外，其余仍然成立。

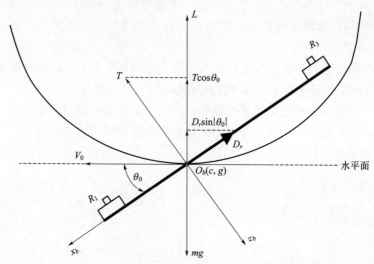

图 4-1　机动时作用于四旋翼飞行器的力

由于机动是从前飞平衡运动出发的，因此假设四个旋翼的平衡转速分别为 n_{10}、n_{20}、n_{30} 和 n_{40}，然后在这个基础上，各旋翼分别增加的转速为 Δn_1、Δn_2、Δn_3 和 Δn_4，于是各旋翼的升力将增加，其合力为

$$T = k_f \left[(n_{10} + \Delta n_1)^2 + (n_{20} + \Delta n_2)^2 + (n_{30} + \Delta n_3)^2 + (n_{40} + \Delta n_4)^2 \right]$$

假设各旋翼所增加的转速 Δn_1、Δn_2、Δn_3 和 Δn_4 都是小量，那么对上式在平衡转速处进行小扰动线性化处理后就得到

$$T = T_0 + \Delta T \approx k_f (n_{10}^2 + n_{20}^2 + n_{30}^2 + n_{40}^2) + 2k_f (n_{10}\Delta n_1 + n_{20}\Delta n_2 + n_{30}\Delta n_3 + n_{40}\Delta n_4)$$

T_0 是前飞平衡运动时的各旋翼拉力的合力，即

$$T_0 = k_f (n_{10}^2 + n_{20}^2 + n_{30}^2 + n_{40}^2) \tag{4-35}$$

n_{10}、n_{20}、n_{30} 和 n_{40} 为旋翼在前飞时的平衡转速，分别满足式(4-25)、式(4-26) 和式(4-27)。

旋翼由于转速增加而产生的合拉力增量为

$$\Delta T = 2k_f (n_{10}\Delta n_1 + n_{20}\Delta n_2 + n_{30}\Delta n_3 + n_{40}\Delta n_4) \tag{4-36}$$

同理，旋翼阻力 D_r 也可仿照以上方法写成：

$$D_r = D_{r0} + \Delta D_r = k_d (n_{10}^2 + n_{20}^2 + n_{30}^2 + n_{40}^2)$$
$$+ 2k_d (n_{10}\Delta n_1 + n_{20}\Delta n_2 + n_{30}\Delta n_3 + n_{40}\Delta n_4)$$

式中

$$D_{r0} = k_d (n_{10}^2 + n_{20}^2 + n_{30}^2 + n_{40}^2) \tag{4-37}$$

旋翼增量转速所产生的合阻力增量：

$$\Delta D_r = 2k_d(n_{10}\Delta n_1 + n_{20}\Delta n_2 + n_{30}\Delta n_3 + n_{40}\Delta n_4) \qquad (4\text{-}38)$$

按法向过载定义：

$$\Delta n_z = \frac{L - mg}{mg} \qquad (4\text{-}39)$$

式中，L 是旋翼合拉力在重力方向上的投影分量，其方向与 Δn_z 一致且向上为正。

机动时由于前飞速度保持不变，因此俯仰姿态不变，纵向力矩应保持平衡状态，从图 4-1 中可得到

$$L = T\cos|\theta_0| + D_r\sin|\theta_0|$$

由于 $\theta_0 < 0$，因此上式就变为

$$L = T\cos\theta_0 - D_r\sin\theta_0 \qquad (4\text{-}40)$$

将式(4-40)中的各力分别写成平衡点力与其增量相加形式后，得到

$$L_0 + \Delta L = (T_0\cos\theta_0 - D_{r0}\sin\theta_0) + (\Delta T\cos\theta_0 - \Delta D_r\sin\theta_0)$$

从上式中得到

$$L_0 = T_0\cos\theta_0 - D_{r0}\sin\theta_0 \qquad (4\text{-}41)$$

以及

$$\Delta L = \Delta T\cos\theta_0 - \Delta D_r\sin\theta_0 \qquad (4\text{-}42)$$

由于法向过载可以写为

$$\Delta n_z = \frac{L_0 - mg}{mg} + \frac{\Delta L}{mg} \qquad (4\text{-}43)$$

又由于

$$L_0 - mg = m\left(\frac{L_0}{m} - g\right)$$

将式(4-35)和式(4-37)代入式(4-41)后，再代入上式后得到

$$L_0 - mg = m\left[\frac{1}{m}(k_f\cos\theta_0 - k_d\sin\theta_0)(n_{10}^2 + n_{20}^2 + n_{30}^2 + n_{40}^2) - g\right]$$

上式等号右边第二项与式(4-16)中第二个方程的左边是相同的，即表示速度坐标系关于 $O_a z_a$ 轴的力平衡方程〔注意在式(4-16)中的角度是需带符号运算的〕。因此 $L_0 - mg = 0$，于是式(4-43)可写为

$$\Delta n_z = \frac{\Delta L}{mg} \qquad (4\text{-}44)$$

将式(4-36)和式(4-38)分别代入式(4-42)，再代入式(4-44)后，得到法向过载为

$$\Delta n_z = \frac{2}{mg}(k_f\cos\theta_0 - k_d\sin\theta_0)(n_{10}\Delta n_1 + n_{20}\Delta n_2 + n_{30}\Delta n_3 + n_{40}\Delta n_4)$$

$$(4\text{-}45)$$

并且即使各旋翼增加转速后，为保持四旋翼飞行器的横侧向运动状态仍不变（即滚转角为零）、航向角不变，这意味着横侧向力矩仍然保持平衡，因此需使

$$\Delta n_1 = \Delta n_2, \Delta n_3 = \Delta n_4 \qquad (4\text{-}46)$$

且由于前飞平衡运动时也满足横侧向力矩平衡的条件，即 $n_{10} = n_{20}$ 和 $n_{30} = n_{40}$，因此将以上结果代入式（4-45）后就得到

$$\Delta n_z = \frac{4}{mg}(k_f\cos\theta_0 - k_d\sin\theta_0)(n_{10}\Delta n_1 + n_{30}\Delta n_3) \qquad (4\text{-}47)$$

在各旋翼转速增加后，也就是定常拉升的过程中，若仍维持纵向力矩平衡，那么各旋翼所增加的转速还需要满足式（4-25），即

$$\Delta n_1 = \Delta n_2 = \Delta n_3 \sqrt{\frac{k_f x_2 + k_d z_r}{k_f x_1 - k_d z_r}} = \Delta n_4 \sqrt{\frac{k_f x_2 + k_d z_r}{k_f x_1 - k_d z_r}} \qquad (4\text{-}48)$$

将式（4-47）进行变换后得到

$$\Delta n_z = \frac{4}{mg}(k_f\cos\theta_0 - k_d\sin\theta_0)\left(1 + \frac{n_{30}\Delta n_3}{n_{10}\Delta n_1}\right)n_{10}\Delta n_1 \qquad (4\text{-}49)$$

利用式（4-25）和式（4-48）的结果，则式（4-49）中的 $1 + \frac{n_{30}}{n_{10}}\frac{\Delta n_3}{\Delta n_1} = \frac{k_f(x_1 + x_2)}{k_f x_2 + k_d z_r}$，于是式（4-49）变为

$$\Delta n_z = \frac{4}{mg}(k_f\cos\theta_0 - k_d\sin\theta_0) \times \frac{k_f(x_1 + x_2)}{k_f x_2 + k_d z_r} \times n_{10}\Delta n_1 \qquad (4\text{-}50)$$

将式（4-26）变换为

$$\frac{2(k_f\cos\theta_0 - k_d\sin\theta_0)}{mg} \times \frac{k_f(x_1 + x_2)}{k_f x_2 + k_d z_r} = \frac{1}{n_{10}^2}$$

将上式代入式（4-50）后，有 $\Delta n_z = \frac{2}{n_{10}}\Delta n_1$，于是机动性指标或机动运动时的静操纵性指标为

$$\frac{\Delta n_1}{\Delta n_z} = \frac{1}{2}n_{10} \qquad (4\text{-}51)$$

同样也可以用 Δn_3 来定义静操纵性：

$$\frac{\Delta n_3}{\Delta n_z} = \frac{1}{2}n_{30} \qquad (4\text{-}52)$$

式（4-51）或式（4-52）静操纵性表示了每 g 法向过载所需要的旋翼增量转速，它恰好是进入机动前的旋翼平衡转速，也就是前飞平衡运动时的旋翼转速。它代表了四旋翼飞行器进行爬升或拉升纵向机动的能力，静操纵性 $\Delta n_1/\Delta n_z$ 越小（也就是平衡转速越低），则四旋翼飞行器的纵向机动性越好。

机动时的静操纵性 $\Delta n_1/\Delta n_z$ 与前飞平衡运动时的旋翼转速直接相关，并与

下述因素有关：

① 静操纵性 $\Delta n_1 / \Delta n_z$ 随高度的增加而减小，因此低高度下的机动能力要优于在较高高度下的机动能力，原因在于随着高度的增加，其平衡转速也增加了。

② 式(4-26)已经指出，前飞平衡转速与低头俯仰角有关，适当减小低头俯仰角将有利于减小平衡转速，提高机动性。但低头俯仰角减小后，飞行速度也将降低。

③ 静操纵性还与旋翼桨盘载荷有关，桨盘载荷低则平衡时的需用转速就小，反之则需用转速大。对于多旋翼飞行器来说，如果旋翼直径不变，那么可以通过增加旋翼的数量来降低每个旋翼的桨盘载荷；若要旋翼数量保持不变，那就需要增加每一旋翼的直径来降低桨盘载荷。

因此，从四旋翼飞行器的设计角度来说，应适当降低桨盘载荷，使得前飞平衡运动时各旋翼的转速不能过大，这不但利于降低旋翼需用功率，而且有利于增强机动能力。

第5章
小扰动线性化运动方程和
传递函数

5.1
小扰动线性化运动方程的建立方法、意义和条件

第 3 章中建立的四旋翼飞行器运动方程是非定常、非线性微分方程。由于对此类方程求解困难，有时会发生无解的情况，因此为了得到方程的解，需要将非定常、非线性微分方程进行简化。其主要方法就是在小扰动运动的假设下，将方程近似处理为定常线性微分方程，也就是假定方程中的变量，在平衡（配平）状态附近只发生小量变化的情况下，将方程中非线性函数采用泰勒展开式近似处理为线性函数，并且认为方程中的系数在较短时间内可视为常数，这样非定常、非线性微分方程就可以近似处理为定常线性微分方程，于是对这样的方程就可以求出在小扰动运动下方程的解。小扰动线性化是飞行动力学[13,22] 中常用的方法之一，也是飞行控制系统设计中建立数学模型的重要手段[16,18,26,27]。

假设有如下形式的非线性微分方程组：

$$\begin{cases} \dot{x} = f(x,u) \\ y = g(x,u) \end{cases} \tag{5-1}$$

在式(5-1) 中，输入 $u \in \mathcal{R}^{r \times 1}$、输出 $y \in \mathcal{R}^{m \times 1}$ 和状态 $x \in \mathcal{R}^{n \times 1}$ 均为关于时间的函数，f 和 g 是关于 x 和 u 的非线性函数且存在对 x 和 u 的一阶导数，$\mathcal{R}$ 为状态空间。且在某个状态 (y_0, x_0, u_0) 下存在：

$$\begin{cases} \dot{x}_0 = f(x_0,u_0) = 0 \\ y_0 = g(x_0,u_0) \end{cases} \tag{5-2}$$

式(5-2) 中，如果 x 是速度型变量，则 $\dot{x}_0 = 0$，这意味着加速度为零，因此式(5-2) 代表了飞行器处于静力学平衡状态，即其所受合力和合力矩均等于零，飞行器的状态满足牛顿第一定律，且把状态 (y_0, x_0, u_0) 称为平衡点。

于是对非线性微分方程等号右边的非线性函数 $f(x,u)$，在平衡点$(y_0,x_0,$ $u_0)$进行泰勒展开，并省略二次幂及以上的高次项，就得到

$$f(x,u) \approx f(x_0,u_0) + \left(\frac{\partial f}{\partial x}\right)\bigg|_{(x_0,u_0)}(x-x_0) + \left(\frac{\partial f}{\partial u}\right)\bigg|_{(x_0,u_0)}(u-u_0)$$

定义增量符号：$\Delta x = x - x_0$，$\Delta u = u - u_0$。同时，由于平衡状态，因此 $f(x_0,u_0)=0$，并利用 $\Delta \dot{y} = \dot{y} - \dot{y}_0 = \dot{y}$，将以上结果直接代入非线性微分方程组后，就得到状态方程的小扰动线性化方程，同理也可得到输出方程的小扰动线性化方程，即

$$\begin{cases} \Delta \dot{x} = \left(\frac{\partial f}{\partial x}\right)\bigg|_{(x_0,u_0)} \Delta x + \left(\frac{\partial f}{\partial u}\right)\bigg|_{(x_0,u_0)} \Delta u \\ \Delta y = \left(\frac{\partial g}{\partial x}\right)\bigg|_{(x_0,u_0)} \Delta x + \left(\frac{\partial g}{\partial u}\right)\bigg|_{(x_0,u_0)} \Delta u \end{cases} \tag{5-3}$$

式中，$\partial f/\partial x$、$\partial f/\partial u$、$\partial g/\partial x$、$\partial g/\partial u$ 均为雅可比矩阵。

式(5-3) 称为小扰动线性方程或增量（小扰动量）方程，它描述了从平衡点 u_0 出发的激励 Δu 所引起偏离平衡点（y_0，x_0）的小量运动 Δy 和 Δx。这样通过小扰动线性化的方法就将原来的非线性微分方程组近似处理为线性微分方程组，也就是我们熟悉的状态方程形式，这样的简化在 Δx、Δu 响应过程中变化量不大的情况下，仍是具有足够精度的。特别是在有飞行控制系统的情况下，由于控制系统的有差控制属性，总能够使得 Δx、Δu 被限制一个较小的范围内变化，因此在这种情况下应用小扰动运动方程是非常合适的。

小扰动线性化的意义不仅在于能够得到运动方程的解，以便能更好地了解飞行器运动的本质属性，而且能够方便地建立起飞行器运动的线性化数学模型，这为主要以线性控制理论为基础的飞行控制系统设计和仿真奠定了必要的基础。

5.2
基准运动和小扰动运动的解耦

式(5-2) 已经指出了，飞行器存在静力学平衡的运动形式，而这个运动是用形如式(5-2) 的代数方程组来描述的，在飞行动力学中把这种运动形式称为基准运动。

因此，式(5-3) 所描述的小扰动（或增量）运动实际上就是围绕在基准运动附近的运动，或者说是相对于基准运动的小量偏差运动。

为了进一步简化小扰动运动方程，当四旋翼飞行器满足一定的运动假设后，还可以将小扰动运动分解为相互独立或解耦的纵向运动和横侧向运动。其中，纵向运动包括前后、上下位移和俯仰转动三个运动自由度，横侧向运动则包括左右位移、滚转和航向转动三个自由度，而纵向和横侧向运动之间不存在耦合。这样

的话，小扰动运动方程将进一步得到降阶处理并可以分成两组独立的方程，因而更有利于解析求解。

描述纵向运动的变量（或参数）称为纵向变量（或参数），包括机体轴速度（u，w）、高度（H）、俯仰角（θ）、俯仰角速度（q）、迎角（α）和航迹倾斜角（γ）。这些变量或参数也称为对称面变量或参数。

描述横侧向运动的变量（或参数）称为横侧向变量（或参数），包括侧滑角（β）、滚转角（ϕ）和其角速度（p）、偏航角（ψ）和其角速度（r）、航迹方位角（χ）、航迹滚转角（μ）、机体轴速度（v）及偏航距离（y_d）。

四旋翼飞行器的小扰动运动能分为纵向和横侧向运动的条件如下：

① 具有明确对称面，即四旋翼飞行器的外形和质量分布均对称于某个平面，显然这个对称面是机体 $O_b x_b z_b$ 平面；

② 在基准运动中，对称平面 $O_b x_b z_b$ 应处于铅垂位置（$\phi=0$），且运动平面与对称平面 $O_b x_b z_b$ 重合（$\beta=0$）。

由于四旋翼飞行器本身没有产生升力或侧向力的气动部件，因此气动耦合几乎不存在，从而就不存在纵向（横侧向）气动导数与横侧向（纵向）变量或参数有关的问题。

符合上述条件的基准运动也称为对称运动，即四旋翼飞行器的基准运动是在对称面内飞行的。

由于四旋翼飞行器具有不同的飞行状态，所建立的方程形式和变量也是有差异的，因此需要对不同飞行状态的基准运动进行定义：

① 悬停基准运动：

纵向变量：速度 $u_0=0$，$w_0=0$，相对高度 $H_0 \neq 0$ 且为常数，$\theta_0=0$，$q_0=0$，其余均为常数；

横侧向变量：$v_0=0$，$\phi_0=0$，$\psi_0 \neq 0$，$p_0=0$，$r_0=0$，其余均为常数。

② 垂直基准运动：

纵向变量：速度 $u_0=0$，垂直速度 $\dot{H}_0$ 或机体轴速度 $w_0 \neq 0$ 且为常数（或 $\gamma_0=90°$），$\theta_0=0$（此条件表示飞行器处于水平状态），$q_0=0$，其余均为常数；

横侧向变量：$v_0=0$，$\phi_0=0$，$\psi_0 \neq 0$，$p_0=0$，$r_0=0$，其余均为常数。

③ 前飞基准运动：

纵向变量：前飞速度 $V_0 \neq 0$、相对高度 $H_0 \neq 0$ 且均为常数，$\gamma_0 \neq 0$，θ_0 和 α_0 是一般不为零的常数，$q_0=0$；

横侧向变量：$\beta_0=0$，$\phi_0=0$，$\psi_0 \neq 0$，$p_0=0$，$r_0=0$，其余均为常数。

此处所定义的前飞基准运动不仅是在对称平面内飞行，而且是做等速直线运动。这种基准运动称为"对称定常直线飞行"，简称为"对称定直飞行"。

第4章中所讨论的前飞平衡运动，是上述基准运动的一种特殊情况，即 $\gamma_0=0$，$\theta_0=\alpha_0 \neq 0$，此时基准运动是"对称定常直线水平飞行"。

5.3
悬停小扰动线性化方程和传递函数

5.3.1 基准运动方程

依据悬停时的动力学方程［式（3-28）和式（3-30）］，将方程等号左边的加速度项设为零，同时将方程中的变量增加下标"0"，其基准运动的力和力矩平衡方程分别为

$$
\begin{cases}
-g\sin\theta_0 = 0 \\
g\cos\theta_0\sin\phi_0 = 0 \\
-\dfrac{k_f}{m}(n_{10}^2 + n_{20}^2 + n_{30}^2 + n_{40}^2) + g\cos\theta_0 = 0
\end{cases}
\tag{5-4}
$$

$$
\begin{cases}
k_f y_1(n_{10}^2 - n_{20}^2) + k_f y_2(n_{30}^2 - n_{40}^2) = 0 \\
k_f x_1(n_{10}^2 + n_{20}^2) - k_f x_2(n_{30}^2 + n_{40}^2) = 0 \\
k_m(n_{10}^2 - n_{20}^2 - n_{30}^2 + n_{40}^2) = 0
\end{cases}
\tag{5-5}
$$

这里重复列出平衡方程或基准运动方程的目的是应用于以下小扰动运动方程的推导。

5.3.2 小扰动线性化方程的推导

以式（3-28）中第三个方程为例进行小扰动线性化方程的推导：
① 先写出方程式为

$$
\dot{w} + vp - uq = -\frac{k_f}{m}(n_1^2 + n_2^2 + n_3^2 + n_4^2) + g\cos\theta\cos\phi
\tag{5-6a}
$$

② 将方程式（5-6a）的等号左边表达式进行线性化。由于 $u = u_0 + \Delta u$，$v = v_0 + \Delta v$，$w = w_0 + \Delta w$，$q = q_0 + \Delta q$，$p = p_0 + \Delta p$，将上述诸表达式代入式（5-6a）等号左边的表达式，并展开后得到

$$
\begin{aligned}
\dot{w} + vp - uq = (\dot{w}_0 + \Delta\dot{w}) + (v_0 p_0 + v_0\Delta p + p_0\Delta v + \Delta v\Delta p) \\
- (u_0 q_0 + u_0\Delta q + q_0\Delta u + \Delta u\Delta q)
\end{aligned}
\tag{5-6b}
$$

按 5.2 节中悬停基准运动的定义，则有 $u_0 = 0$，$v_0 = 0$，$w_0 = 0$，以及 $q_0 = 0$ 和 $p_0 = 0$，一并代入式（5-6b）后得到

$$
\dot{w} + vp - uq \approx \Delta\dot{w} + \Delta v\Delta p - \Delta u\Delta q
\tag{5-6c}
$$

式（5-6c）中的 $\Delta v\Delta p$ 和 $\Delta u\Delta q$ 为高阶小量，由于仅保留线性项，因此这些高阶无穷小量可以被省略掉，即可认为 $\Delta v\Delta p \approx 0$，$\Delta u\Delta q \approx 0$，于是式（5-6c）可

以近似为

$$\dot{w} + vp - uq \approx \Delta \dot{w} \qquad (5\text{-}6\mathrm{d})$$

③ 将方程式(5-6a) 等号右边的表达式进行线性化。该表达式中的第一项是关于旋翼拉力的函数。在式(4-4) 的拉力表达式中，一般情况下 k_f 是飞行速度、飞行高度以及迎角的函数，因此对拉力进行小扰动线性化后得到

$$T = k_{f0}n_0^2 + 2k_{f0}n_0\Delta n + n_0^2\left[\left(\frac{\partial k_f}{\partial V}\right)_0\Delta V + \left(\frac{\partial k_f}{\partial \alpha}\right)_0\Delta \alpha + \left(\frac{\partial k_f}{\partial H}\right)_0\Delta H\right]$$

由于四旋翼飞行器的飞行速度比较小，同时又是采用定距螺旋桨作为旋翼，因而在一定的高度范围内可将 k_f 视为常数。这样上式等号右边表达式中的第三项全部为零，由此旋翼拉力的小扰动线性化结果为

$$T = k_f n_0^2 + 2k_f n_0\Delta n = k_f(n_0^2 + 2n_0\Delta n)$$

根据上式结果，拉力加速度表达式小扰动线性化的结果为

$$-\frac{k_f}{m}(n_1^2 + n_2^2 + n_3^2 + n_4^2)$$

$$\approx -\frac{k_f}{m}\left[(n_{10}^2 + 2n_{10}\Delta n_1) + (n_{20}^2 + 2n_{20}\Delta n_2) + (n_{30}^2 + 2n_{30}\Delta n_3) + (n_{40}^2 + 2n_{40}\Delta n_4)\right]$$

$$= -\frac{k_f}{m}\left[(n_{10}^2 + n_{20}^2 + n_{30}^2 + n_{40}^2) + 2(n_{10}\Delta n_1 + n_{20}\Delta n_2 + n_{30}\Delta n_3 + n_{40}\Delta n_4)\right] \qquad (5\text{-}6\mathrm{e})$$

而式(5-6a) 等号右边第二项中，由于含有余弦函数，因此可以直接采用泰勒展开式对该函数进行展开，同时只保留线性项，其余二阶及以上的高阶小量均可以被忽略掉，即

$$g\cos\theta\cos\phi$$

$$\approx g(\cos\theta_0 - \sin\theta_0\Delta\theta)(\cos\phi_0 - \sin\phi_0\Delta\phi)$$

$$= g(\cos\theta_0\cos\phi_0 - \cos\theta_0\sin\phi_0\Delta\phi - \sin\theta_0\cos\phi_0\Delta\theta + \sin\theta_0\sin\phi_0\Delta\theta\Delta\phi)$$

$$\approx g(\cos\theta_0\cos\phi_0 - \cos\theta_0\sin\phi_0\Delta\phi - \sin\theta_0\cos\phi_0\Delta\theta) \qquad (5\text{-}6\mathrm{f})$$

④ 得到小扰动线性化方程。将式(5-6d)、式(5-6e) 和式(5-6f) 再代回到式(5-6a) 中，就得到小扰动线性化微分方程，即

$$\Delta\dot{w} = -\frac{k_f}{m}\left[(n_{10}^2 + n_{20}^2 + n_{30}^2 + n_{40}^2) + 2(n_{10}\Delta n_1 + n_{20}\Delta n_2 + n_{30}\Delta n_3 + n_{40}\Delta n_4)\right]$$

$$+ g(\cos\theta_0\cos\phi_0 - \cos\theta_0\sin\phi_0\Delta\phi - \sin\theta_0\cos\phi_0\Delta\theta)$$

$$= \left[-\frac{k_f}{m}\left[(n_{10}^2 + n_{20}^2 + n_{30}^2 + n_{40}^2) + g\cos\theta_0\cos\phi_0\right]\right]$$

$$- \frac{2k_f}{m}(n_{10}\Delta n_1 + n_{20}\Delta n_2 + n_{30}\Delta n_3 + n_{40}\Delta n_4)$$

$$- g(\cos\theta_0\sin\phi_0\Delta\phi + \sin\theta_0\cos\phi_0\Delta\theta) \qquad (5\text{-}6\mathrm{g})$$

当 $\phi_0 = 0$ 时，式(5-6g) 中第二个等号右侧第一项是式(5-4) 中第三个方程，

即平衡方程，因此这一项为零，然后再代入悬停基准运动定义中 $\theta_0 = 0$ 的条件后，得到

$$\Delta \dot{w} = -\frac{2k_f}{m}(n_{10}\Delta n_1 + n_{20}\Delta n_2 + n_{30}\Delta n_3 + n_{40}\Delta n_4) \tag{5-6h}$$

式（5-6h）就是式（5-6a）非线性微分方程的小扰动线性化微分方程或近似方程。该方程仅仅描述了小扰动运动或增量运动 Δw 与旋翼的增量转速的关系。但在现实所能观察到的应是全面运动，即 $w = w_0 + \Delta w$，$n_i = n_{i0} + \Delta n_i$，$i = 1,2,3,4$。

而悬停的特殊性 $w_0 = 0$，导致了 $w = \Delta w$。也就是说，在外干扰作用下，原先悬停平衡的四旋翼飞行器所产生的扰动响应，恰好等于其运动变量的增量或小扰动量。

使用同样的方法对式（3-28）的另外两个方程进行小扰动线性化后，就得到了悬停时关于力的小扰动线性化定常微分方程组，再分别对力矩方程［式（3-30）］及运动学方程［式（3-31）和式（3-32）］进行小扰动线性化处理后，就得到了四旋翼飞行器在悬停时的小扰动运动方程。

（1）动力学方程

力方程：

$$\begin{cases} \Delta \dot{u} = -g\Delta\theta \\ \Delta \dot{v} = g\Delta\phi \\ \Delta \dot{w} = -\dfrac{2k_f}{m}(n_{10}\Delta n_1 + n_{20}\Delta n_2 + n_{30}\Delta n_3 + n_{40}\Delta n_4) \end{cases} \tag{5-7}$$

力矩方程：

$$\begin{cases} \Delta\dot{p}I_x - \Delta\dot{r}I_{xz} = 2k_f(y_1 n_{10}\Delta n_1 - y_1 n_{20}\Delta n_2 + y_2 n_{30}\Delta n_3 - y_2 n_{40}\Delta n_4) \\ \dot{q}I_y = 2k_f(x_1 n_{10}\Delta n_1 + x_1 n_{20}\Delta n_2 - x_2 n_{30}\Delta n_3 - x_2 n_{40}\Delta n_4) \\ \Delta\dot{r}I_z - \Delta\dot{p}I_{xz} = 2k_m(n_{10}\Delta n_1 - n_{20}\Delta n_2 - n_{30}\Delta n_3 + n_{40}\Delta n_4) \end{cases} \tag{5-8}$$

（2）运动学方程

姿态运动学方程：

$$\begin{cases} \Delta\dot{\phi} = \Delta p \\ \Delta\dot{\theta} = \Delta q \\ \Delta\dot{\psi} = \Delta r \end{cases} \tag{5-9}$$

航迹运动学方程：

$$\begin{cases} \Delta\dot{x}_e = \Delta u \\ \Delta\dot{y}_e = \Delta v \\ \Delta\dot{z}_e = \Delta w \end{cases} \tag{5-10}$$

5.3.3 小扰动运动的状态方程

由于假设了基准运动在对称面内飞行，因此对于小扰动运动可以认为纵向运动和横侧向运动是解耦的，且可以列出各自的小扰动运动方程，而其形式可为状态方程。由于状态方程描述了全面纵向运动，因此其经常用于数学仿真和半物理仿真中，以验证基于更简化数学模型所设计的控制律性能。

对于悬停时纵向运动的状态方程来说，其状态选择为 $\begin{bmatrix} \Delta u & \Delta w & \Delta q & \Delta \theta \end{bmatrix}^{\mathrm{T}}$，横侧向运动方程的状态选择为 $\begin{bmatrix} \Delta v & \Delta p & \Delta r & \Delta \phi \end{bmatrix}^{\mathrm{T}}$，输入则为 $\begin{bmatrix} \Delta n_1 & \Delta n_2 & \Delta n_3 & \Delta n_4 \end{bmatrix}^{\mathrm{T}}$。

(1) 纵向运动状态方程

由式(5-7)中第一、三个方程和式(5-8)中的第二个方程及式(5-9)中的第二个方程，就能得到纵向运动的状态方程为

$$
\begin{bmatrix} \Delta \dot{u} \\ \Delta \dot{w} \\ \Delta \dot{q} \\ \Delta \dot{\theta} \end{bmatrix} = \begin{bmatrix} 0 & 0 & 0 & -g \\ 0 & 0 & 0 & 0 \\ 0 & 0 & 0 & 0 \\ 0 & 0 & 1 & 0 \end{bmatrix} \begin{bmatrix} \Delta u \\ \Delta w \\ \Delta q \\ \Delta \theta \end{bmatrix} +
$$

$$
\begin{bmatrix} 0 & 0 & 0 & 0 \\ -(2k_f/m)n_{10} & -(2k_f/m)n_{20} & -(2k_f/m)n_{30} & -(2k_f/m)n_{40} \\ (2k_f/I_y)x_1 n_{10} & (2k_f/I_y)x_1 n_{20} & -(2k_f/I_y)x_2 n_{30} & -(2k_f/I_y)x_2 n_{40} \\ 0 & 0 & 0 & 0 \end{bmatrix} \begin{bmatrix} \Delta n_1 \\ \Delta n_2 \\ \Delta n_3 \\ \Delta n_4 \end{bmatrix}
$$

$$(5\text{-}11)$$

(2) 横侧向运动状态方程

明显的，在列出上述纵向运动方程后，余下的方程就组成了横侧向运动方程：

$$
\begin{bmatrix} \Delta \dot{v} \\ \Delta \dot{p} \\ \Delta \dot{r} \\ \Delta \dot{\phi} \end{bmatrix} = \begin{bmatrix} 0 & 0 & 0 & g \\ 0 & 0 & 0 & 0 \\ 0 & 0 & 0 & 0 \\ 0 & 1 & 0 & 0 \end{bmatrix} \begin{bmatrix} \Delta v \\ \Delta p \\ \Delta r \\ \Delta \phi \end{bmatrix} + \begin{bmatrix} 0 & 0 & 0 & 0 \\ b_{p1}n_{10} & -b_{p1}n_{20} & b_{p2}n_{30} & -b_{p2}n_{40} \\ b_{r1}n_{10} & -b_{r1}n_{20} & b_{r2}n_{30} & -b_{r2}n_{40} \\ 0 & 0 & 0 & 0 \end{bmatrix} \begin{bmatrix} \Delta n_1 \\ \Delta n_2 \\ \Delta n_3 \\ \Delta n_4 \end{bmatrix}
$$

$$(5\text{-}12)$$

式中

$$
b_{p1} = 2k_f y_1 \frac{I_z}{I_x I_z - I_{xz}^2} + 2k_m \frac{I_{xz}}{I_x I_z - I_{xz}^2}
$$

$$
b_{p2} = 2k_f y_2 \frac{I_z}{I_x I_z - I_{xz}^2} - 2k_m \frac{I_{xz}}{I_x I_z - I_{xz}^2}
$$

$$b_{r1} = 2k_f y_1 \frac{I_{xz}}{I_x I_z - I_{xz}^2} + 2k_m \frac{I_x}{I_x I_z - I_{xz}^2}$$

$$b_{r2} = 2k_f y_2 \frac{I_{xz}}{I_x I_z - I_{xz}^2} - 2k_m \frac{I_x}{I_x I_z - I_{xz}^2}$$

为了方程的完整，将式(5-9)的第三个方程列于下：

$$\Delta \dot{\psi} = \Delta r \tag{5-13}$$

式(5-11)、式(5-12)及式(5-13)组成了悬停时四旋翼飞行器的小扰动运动方程。

从上述状态方程中可以看出，尽管纵向和横侧向运动状态变量之间得到了解耦，但仍然可以通过输入变量（旋翼转速增量）使纵向和横侧向运动产生耦合。也就是说，当选择某种输入时，尽管其目的是产生纵向（或横侧向）运动，但同时还伴随了横侧向（或纵向）运动的发生。这是四旋翼飞行器的一个重要特点，即纵向和横侧向运动并没有气动特性上的耦合关系，但在操纵上又可能存在运动耦合关系。因此在设计操纵策略（见表2-4）和建立传递函数模型时，需要对输入进行一些必要的限制，以减少因为不适当输入而重新产生的运动耦合关系，降低控制系统设计模型的复杂性。

5.3.4 小扰动运动的传递函数

5.3.4.1 纵向运动传递函数

从式(5-11)中可得到如下结论：Δu 的产生源自俯仰角的变化 $\Delta \theta$，因此如果发生了俯仰转动，那么将引起 Δu 的变化；而 Δw 则是直接由升力的变化引起的。而无论是力矩还是升力的改变，都是由旋翼转速的变化所引起的。因此角运动 Δq 和 Δw 可以看成纵向运动的内回路（类似短周期运动），而 Δu 则可以看成外回路（类似长周期运动）。

（1）俯仰操纵的 Δq 和 $\Delta \theta$ 的传递函数

注意表2-4中所定义的俯仰操纵方法，在俯仰操纵时，$\Delta n_1 = \Delta n_2$ 或 $\Delta n_3 = \Delta n_4$；又由式(4-5)可知悬停平衡时，$n_{10} = n_{20} = n_{30} \sqrt{x_2/x_1} = n_{40} \sqrt{x_2/x_1}$，于是根据式(5-11)可以得到

$$\Delta \dot{q} = \frac{2k_f}{I_y} x_1 n_{10} \left[(\Delta n_1 + \Delta n_2) - (\Delta n_3 + \Delta n_4) \sqrt{\frac{x_2}{x_1}} \right]$$

$$= \frac{2k_f}{I_y} x_1 n_{10} \left[2\Delta n_1 - 2\Delta n_3 \sqrt{\frac{x_2}{x_1}} \right]$$

$$= \frac{4k_f}{I_y} x_1 n_{10} \left[\Delta n_1 - \Delta n_3 \sqrt{\frac{x_2}{x_1}} \right] \tag{5-14}$$

在式(5-14)中，定义：

$$\Delta n_e = \Delta n_1 - \Delta n_3 \sqrt{\frac{x_2}{x_1}} \tag{5-15}$$

式中，Δn_e 为俯仰转速等效输入。

按表 2-4，$\Delta n_e = \Delta n_1 > 0$，尽管只表示 R_1 的作用，但实际表明了需 R_1 和 R_2 旋翼同时等量增速，即需要同时输入 Δn_1 和 Δn_2。由于 $\Delta n_1 = \Delta n_2$，因此两个转速的等效作用已经在式(5-14)的增益中得到了体现，此为抬头操纵需输入的转速（此时 $\Delta n_3 = \Delta n_4 = 0$）。

$\Delta n_e = -\Delta n_3 \sqrt{x_2/x_1} < 0$，尽管只表示了 R_3 的作用，但实际上需 R_3 和 R_4 旋翼同时等量增速，即需要同时输入 Δn_3 和 Δn_4。由于 $\Delta n_3 = \Delta n_4$，因此这两个转速的等效作用已经在式(5-14)的增益中得到了体现，此为低头操纵需输入的转速（此时 $\Delta n_1 = \Delta n_2 = 0$）。

注意这里关于 Δn_e 的符号，即 $\partial q / \partial n_e > 0$，这与固定翼飞机俯仰的升降舵操纵符号是相反的。此处的 Δn_e 可认为是一个等效输入，在俯仰操纵时应符合表 2-4 的要求，即当俯仰抬头时需要 Δn_1 和 Δn_2 共同作用，且 $\Delta n_1 = \Delta n_2$；俯仰低头时需要 Δn_3 和 Δn_4 共同作用，且 $\Delta n_3 = \Delta n_4$；而在式(5-14)中已经包含了 Δn_1、Δn_2 或 Δn_3、Δn_4 的共同作用效果。

由于在悬停平衡时，$\Delta q = 0$，$\Delta n_e = 0$，因此式(5-14)符合零初始条件，于是对该式进行拉普拉斯变换后得到

$$\frac{\Delta q}{\Delta n_e} = \frac{4k_f x_1 n_{10}}{I_y} \times \frac{1}{s} \tag{5-16}$$

又依据式(5-9)第二个方程，因为 $\Delta \dot{\theta} = \Delta q$，于是有

$$\frac{\Delta \theta}{\Delta n_e} = \frac{4k_f x_1 n_{10}}{I_y} \times \frac{1}{s^2} \tag{5-17}$$

关于上述传递函数的等效输入与各旋翼转速输入之间关系的方框图如图 5-1 所示。

（2）俯仰控制中关于 Δu 的传递函数

根据式(5-11)，进行拉普拉斯变换后得到

$$\Delta u = -\frac{g}{s} \Delta \theta$$

将式(5-17)代入上式后，即

$$\frac{\Delta u}{\Delta n_e} = -\frac{4g k_f x_1 n_{10}}{I_y} \times \frac{1}{s^3} \tag{5-18}$$

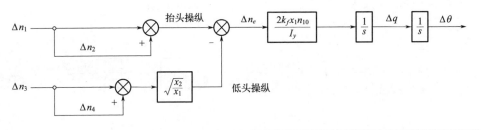

実际动力学

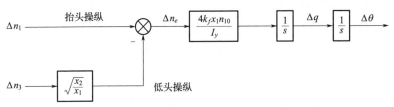

等效动力学

图 5-1　悬停时 Δq 和 $\Delta\theta$ 传递函数方框图

从图 5-1 中可以很容易地得到关于式(5-18) 中 Δn_e、Δq、$\Delta\theta$ 及 Δu 之间的方框图。

(3) 垂直运动控制中的 Δw 传递函数

在式(5-11) 中，由于 $n_{10}=n_{20}=n_{30}\sqrt{x_2/x_1}=n_{40}\sqrt{x_2/x_1}$，因此该方程可写为

$$\Delta\dot{w}=-\frac{2k_f}{m}n_{10}\left[(\Delta n_1+\Delta n_2)+(\Delta n_3+\Delta n_4)\sqrt{\frac{x_1}{x_2}}\right] \tag{5-19}$$

由于在悬停时保持四旋翼飞行器力矩平衡是必要的条件，则进行垂直速度操纵时，其各旋翼的增量转速输入需满足式(4-5)，即

$$\Delta n_1=\Delta n_2=\Delta n_3\sqrt{\frac{x_2}{x_1}}=\Delta n_4\sqrt{\frac{x_2}{x_1}} \tag{5-20}$$

式(5-20) 表明的是：在姿态保持不变的情况下，实现垂直升降运动时各旋翼输入转速所需满足的条件。利用式(5-20) 的结果，于是式(5-19) 就变为

$$\Delta\dot{w}=-\frac{4k_f n_{10}}{m}\times\frac{x_1+x_2}{x_2}\Delta n_1$$

因此在零初始条件下，对上式进行拉普拉斯变换后，得到关于在 Δn_1 输入下 Δw 响应的传递函数：

$$\frac{\Delta w}{\Delta n_1}=-\frac{4k_f n_{10}}{m}\times\frac{x_1+x_2}{x_2}\times\frac{1}{s} \tag{5-21}$$

其他各旋翼的增量转速应满足式(5-20)。通过式(5-20) 也可以将式(5-21)

中的输入改变为其他旋翼的增量转速。同样，式(5-21) 表示了在四个旋翼转速共同作用下的响应效果，图 5-2 则表示了它们之间的关系。

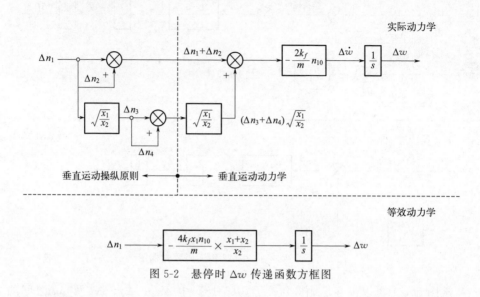

图 5-2 悬停时 Δw 传递函数方框图

5.3.4.2 横侧向运动传递函数

(1) 滚转操纵 Δp 和 $\Delta \phi$ 的传递函数

按表 2-4 所定义的操纵方法，采用增加 Δn_1 和 Δn_3 的方法来进行向右滚转操纵，采用增加 Δn_2 和 Δn_4 的方法来进行向左滚转操纵。同时，按照在操纵滚转运动时应不影响俯仰平衡的原则，在进行滚转运动时，其作为输入的旋翼间增量转速应满足

$$\Delta n_1 = \Delta n_3 \sqrt{\frac{x_2}{x_1}} \text{ 或 } \Delta n_2 = \Delta n_4 \sqrt{\frac{x_2}{x_1}} \tag{5-22}$$

并且在扰动前飞行器处于悬停平衡状态，因此旋翼平衡转速满足 $n_{10} = n_{20} = n_{30} \sqrt{x_2/x_1} = n_{40} \sqrt{x_2/x_1}$。于是由式(5-12) 得到

$$\Delta \dot{p} = \left(b_{p1} n_{10} \Delta n_1 + b_{p2} \sqrt{\frac{x_1}{x_2}} n_{10} \Delta n_3\right) - \left(b_{p1} n_{10} \Delta n_2 + b_{p2} \sqrt{\frac{x_1}{x_2}} n_{10} \Delta n_4\right)$$

$$= n_{10} \frac{b_{p1} x_2 + b_{p2} x_1}{x_2} (\Delta n_1 - \Delta n_2) \tag{5-23}$$

式(5-23) 表示了在俯仰力矩平衡或不发生俯仰转动的情况下，当转速增量发生变化后的滚转响应。将式(5-23) 新的输入定义为滚转转速输入：

$$\Delta n_a = \Delta n_1 - \Delta n_2 \tag{5-24}$$

式(5-24) 表示，当向右滚转（从机尾观察）时，需要 $\Delta n_a = \Delta n_1 > 0$（$\Delta n_2 =$

0），即左侧两个旋翼升力增加，才符合物理规律；而向左滚转时，需要 $\Delta n_a = -\Delta n_2 < 0(\Delta n_1 = 0)$。若要实现上述目的，则式(5-23) 应满足

$$b_{p1}x_2 + b_{p2}x_1 > 0 \tag{5-25}$$

式(5-25) 代入关于 b_{p1}、b_{p2} 的表达式后，就得到

$$\frac{k_f I_z}{k_m I_{xz}}(x_1y_2 + x_2y_1) + (x_2 - x_1) > 0 \tag{5-26}$$

若 $x_2 \geqslant x_1$，则上式是恒成立的。若不能满足这个条件，那么就需要按式(5-26) 进行检查，以确保该式成立。

Δn_a 可认为是一个等效输入，其中 Δn_1 等效于 Δn_1 和 Δn_3 的共同输入作用，而 Δn_2 则等效于 Δn_2 和 Δn_4 的共同输入作用，但 Δn_3 和 Δn_4 应满足式(5-22) 的要求。也就是说，在滚转实际操纵时应符合表 2-4 的要求，即当右滚转时需要 Δn_1 和 Δn_3 共同作用，且 Δn_3 应符合式(5-22) 的要求；当左滚转时需要 Δn_2 和 Δn_4 共同作用，且 Δn_4 应符合式(5-22) 的要求。而式(5-23) 则反映了它们共同作用的效果。

对式(5-23) 进行拉普拉斯变换并利用式(5-24) 得到

$$\frac{\Delta p}{\Delta n_a} = n_{10}\frac{b_{p1}x_2 + b_{p2}x_1}{x_2} \times \frac{1}{s} \tag{5-27}$$

利用 $\dot{\phi} = p$，于是有

$$\frac{\Delta \phi}{\Delta n_a} = n_{10}\frac{b_{p1}x_2 + b_{p2}x_1}{x_2} \times \frac{1}{s^2} \tag{5-28}$$

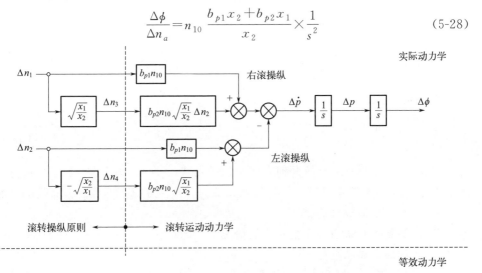

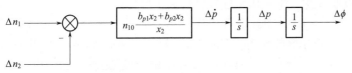

图 5-3 悬停时滚转操纵 Δp 和 $\Delta \phi$ 传递函数方框图

(2) 航向操纵的 Δr 和 $\Delta\psi$ 传递函数

类似的，按表 2-4 航向运动操纵时，分别是增加 Δn_1 和 Δn_4 实现向右偏航，而增加 Δn_2 和 Δn_3 实现向左偏航的目的，为了在航向操纵时不影响俯仰平衡，同时按表 2-4 所定义的偏航操纵方法，因此在进行偏航运动时，其作为输入的旋翼间增量转速应满足如下要求：

$$\Delta n_1 = \Delta n_4 \sqrt{\frac{x_2}{x_1}} \text{ 或 } \Delta n_2 = \Delta n_3 \sqrt{\frac{x_2}{x_1}} \tag{5-29}$$

同时悬停基准运动即平衡时的转速条件为 $n_{10} = n_{20} = n_{30} \sqrt{x_2/x_1} = n_{40} \sqrt{x_2/x_1}$。于是将式(5-29) 和基准运动转速条件一并代入式(5-12) 中，得到

$$\Delta \dot{r} = \left(b_{r1} n_{10} \Delta n_1 - b_{r2} \sqrt{\frac{x_1}{x_2}} n_{10} \Delta n_4 \right) - \left(b_{r1} n_{10} \Delta n_2 - b_{r2} \sqrt{\frac{x_1}{x_2}} n_{10} \Delta n_3 \right)$$

$$= n_{10} \frac{b_{r1} x_2 - b_{r2} x_1}{x_2} (\Delta n_1 - \Delta n_2) \tag{5-30}$$

定义以下新的输入为偏航转速输入：

$$\Delta n_r = \Delta n_1 - \Delta n_2 \tag{5-31}$$

根据式(5-31)，当右偏航时，$\Delta n_r = \Delta n_1 > 0 (\Delta n_2 = 0)$；当左偏航时，$\Delta n_r = -\Delta n_2 < 0 (\Delta n_1 = 0)$。同样，为了保证这样的操纵极性，必须保证：

$$b_{r1} x_2 - b_{r2} x_1 > 0 \tag{5-32}$$

将 b_{r1}、b_{r2} 的表达式代入式(5-32) 后，得到

$$\frac{k_m I_x}{k_f I_{xz}} (x_1 + x_2) + (x_2 y_1 - x_1 y_2) > 0 \tag{5-33}$$

若满足

$$\frac{y_1}{y_2} \geqslant \frac{x_1}{x_2} \tag{5-34}$$

则式(5-33) 恒成立；若旋翼几何布局不能满足式(5-34)，则需按 (5-33) 进行检查，并通过调整旋翼位置尺寸以确保该式成立。显然在以下两种旋翼布局的情况下，式(5-33) 是恒成立的：

① 四旋翼布局绕质心完全对称的情况下，即 $x_1 = x_2 = y_1 = y_2$；

② 四旋翼布局满足 $x_1 = x_2$，$y_1 = y_2$，$x_1 \neq y_1$。

后一种情形的旋翼布局在复合翼飞行器中应用比较多。因此，在非对称四旋翼飞行器的旋翼布局设计中，需要考虑到这一条件，才能实现有效的航向操纵。Δn_r 可认为是一个等效的输入，其中 Δn_1 等效于 Δn_1 和 Δn_4 的共同输入作用，而 Δn_2 则等效于 Δn_2 和 Δn_3 的共同输入作用，但 Δn_3 和 Δn_4 应满足式(5-29) 的要求。也就是说，在航向实际操纵时应符合表 2-4 的要求，即当右偏航时需要

Δn_1 和 Δn_4 共同作用，且 Δn_4 应符合式(5-29) 的要求；当左偏航时需要 Δn_2 和 Δn_3 共同作用，且 Δn_3 应符合式(5-29) 的要求。对式(5-30) 进行拉普拉斯变换并利用式(5-29) 得到

$$\frac{\Delta r}{\Delta n_r} = n_{10} \frac{b_{r1}x_2 - b_{r2}x_1}{x_2} \times \frac{1}{s} \tag{5-35}$$

再利用 $\Delta \dot\psi = \Delta r$，于是由式(5-30) 得

$$\frac{\Delta \psi}{\Delta n_r} = n_{10} \frac{b_{r1}x_2 - b_{r2}x_1}{x_2} \times \frac{1}{s^2} \tag{5-36}$$

图 5-4 反映了在等效输入和各旋翼转速输入下传递函数的方框图，它表明了上述传递函数是各旋翼转速输入下的共同作用的效果。

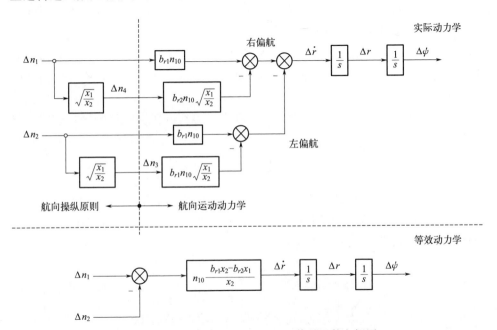

图 5-4　悬停时航向操纵 Δr 和 $\Delta \psi$ 传递函数方框图

由式(5-27) 和式(5-35) 可知，滚转运动与偏航运动之间有耦合，当出现向右（或左）偏航时也将伴随向右（或左）滚转的运动趋势，这种趋势对于转弯来说是有利的；反之，在进行向右（或左）滚转时也会伴随向右（或左）偏航。这种运动特性是在滚转或偏航运动时，为了保持俯仰力矩平衡或者说保证横侧向运动不影响纵向运动所付出的代价。

类似的，也可以在保证滚转（偏航）平衡的条件下，得到偏航（滚转）响应的传递函数，但这个前提并不符纵向运动和横侧向运动解耦的建立运动方程的原则，而横侧向运动之间的耦合则是可以被接受的，就如固定翼飞机中荷兰滚运动一样。

（3）滚转操纵下的 Δv 传递函数

Δv 则完全是由滚转角 $\Delta \phi$ 所产生的横侧向速度，将式（5-12）中的第一个方程 $\Delta \dot{v} = g \Delta \phi$ 进行拉普拉斯变换并利用式（5-28）的结果，得到

$$\frac{\Delta v}{\Delta n_a} = g n_{10} \frac{b_{p1} x_2 + b_{p2} x_1}{x_2} \times \frac{1}{s^3} \tag{5-37}$$

Δv 的响应主要是依赖滚转角，一旦滚转角 $\Delta \phi \neq 0$ 就会产生 Δv，即沿机体轴 $O_b y_b$ 方向的侧向速度。就响应的速度来说，$\Delta \phi$ 相位比 Δp 相位落后 $90°$，而 Δv 的相位又比 $\Delta \phi$ 落后 $90°$。这一事实再次说明，四旋翼飞行器是通过转动来实现质点位移运动的。

（4）横侧向操纵的运动耦合和条件

由于一般四旋翼飞行器旋翼布局是相对于机体 $O_b x_b z_b$ 平面对称的，因此在对滚转角进行操纵时，会引起航向角的耦合响应，也就是 Δn_a 输入下会引起 Δr 的响应；而在对航向角进行操纵时，则会引起滚转角的耦合响应，即在 Δn_r 输入下会引起 Δp 的响应。而且这种影响是由不对称四旋翼飞行器，在横侧向操纵时需维持纵向平衡所引起的。

由式（5-12）以及满足式（5-22）的条件下，得到滚转操纵时所耦合的偏航响应数学模型为

$$\frac{\Delta r}{\Delta n_a} = n_{10} \frac{b_{r1} x_2 + b_{r2} x_1}{x_2} \times \frac{1}{s} \tag{5-38}$$

对于式（5-38），如果 $\Delta n_a > 0$，则四旋翼飞行器向右滚转，那么此时若 $\Delta r > 0$，则向右偏航。这是有利的偏航，可以使得机头方向朝着滚转方向转动利于减小侧滑角，如此式（5-38）需要满足

$$b_{r1} x_2 + b_{r2} x_1 > 0$$

代入关于 b_{r1}、b_{r2} 的表达式后得到

$$\frac{k_f I_{xz}}{k_m I_x}(x_1 y_2 + x_2 y_1) + (x_2 - x_1) > 0 \tag{5-39}$$

在 $x_2 \geqslant x_1$ 时，上式是恒成立的。而这个条件也是保证滚转操纵极性的条件。这说明，如果滚转操纵极性条件满足的话，就能保证偏航耦合响应是有利的。

由式（5-12）以及满足式（5-29）的条件下，得到偏航操纵时所耦合的滚转响应数学模型为

$$\frac{\Delta p}{\Delta n_r} = n_{10} \frac{b_{p1} x_2 - b_{p2} x_1}{x_2} \times \frac{1}{s} \tag{5-40}$$

同样，当 $\Delta n_r > 0$，即进行向右偏航操纵时，滚转耦合响应 $\Delta p > 0$；反之，当 $\Delta n_r < 0$，即进行向左偏航操纵时，滚转耦合响应 $\Delta p < 0$，那么这种滚转耦合响应是有利的。于是需要式（5-40）满足

$$b_{p1}x_2 - b_{p2}x_1 > 0$$

代入 b_{p1}、b_{p2} 的具体表达式后，得

$$\frac{k_m I_{xz}}{k_f I_x}(x_1 + x_2) + (x_2 y_1 - x_1 y_2) > 0 \tag{5-41}$$

若满足

$$\frac{y_1}{y_2} \geqslant \frac{x_1}{x_2}$$

则式（5-41）恒成立。注意，这个条件也是保证偏航操纵极性的条件，这就说明，如果偏航操纵极性条件得到满足的话，那么偏航操纵时所产生的滚转耦合响应是有利的。

因此，对于非对称布局的四旋翼飞行器，在进行总体设计时必须满足 $x_2 \geqslant x_1$ 和 $y_1/y_2 \geqslant x_1/x_2$ 这两个条件，否则横侧向操纵将难以实现，或者在姿态操纵中产生纵向和横侧向运动耦合的现象，从而加大操纵或控制的难度。

5.4
垂直运动小扰动线性化方程和传递函数

5.4.1　基准运动方程

垂直基准运动指的是四旋翼飞行器以定常速度 w_0，相对于地面进行垂直向上或向下的匀速直线运动。从 5.2 节中关于垂直基准运动的定义中可以看出，四旋翼飞行器是以水平及航向保持不变的姿态进行向上或向下的垂直基准运动的。与悬停基准运动方程推导相同，由式（3-36）可得到垂直基准运动中的力方程：

$$\begin{cases} -g\sin\theta_0 = 0 \\ g\cos\theta_0\sin\phi_0 = 0 \\ -\dfrac{k_f}{m}(n_{10}^2 + n_{20}^2 + n_{30}^2 + n_{40}^2) + g\cos\theta_0\cos\phi_0 \pm \dfrac{\rho f_b}{2m}w_0^2 = 0 \end{cases} \tag{5-42}$$

而垂直基准运动中的力矩方程同式（5-5）。

5.4.2　小扰动线性化方程的推导

在式（3-36）中，第一和第二个方程与悬停状态时的方程相同，因此以下仅对第三个方程进行推导。将第三个方程重写如下：

$$\dot{w} + vp - uq = -\frac{k_f}{m}(n_1^2 + n_2^2 + n_3^2 + n_4^2) + g\cos\theta\cos\phi \pm \frac{\rho f_b}{2m}w^2 \tag{5-43a}$$

注意，在式(5-42)和式(5-43a)中关于"±"符号的确定是按如下原则：在进行垂直向上运动（$w_0 < 0$）时，"±"符号取"+"；而进行垂直向下运动（$w_0 > 0$）时，"±"符号取"−"。

（1）将式(5-43a)等号左边的表达式进行线性化

类似地，将该表达式中的变量写成基准运动变量与小扰动量之和的形式后，再按5.2节中关于垂直基准运动中变量的定义，则 $u = \Delta u$，$v = \Delta v$，$w = w_0 + \Delta w$，$q = \Delta q$，$p = \Delta p$，将上述诸表达式代入式(5-43a)等号左边的表达式，展开并略去高阶小量后得到

$$\dot{w} + vp - uq \approx \Delta \dot{w} \tag{5-43b}$$

（2）将式(5-43a)等号右边表达式进行线性化

在该式中，前两项与悬停状态的线性化表达式一致，主要是第三项，即阻力引起的加速度线性化问题需要讨论。

该项中的 f_b，在固定翼飞机中一般认为 $f_b = f_b(\alpha, M)$，即为迎角和马赫数的函数。但在实际飞行中，由于垂直上升速度的量级很小，因此压差阻力是主要影响因素，所以可以将 f_b 视为常数来处理；同时因为高度变化不大所以将空气密度 ρ 也作为常数处理。由此，阻力引起的加速度的小扰动线性化表达式为

$$\pm \frac{\rho f_b}{2m} w^2 \approx \pm \frac{\rho f_b}{2m} w_0^2 - \frac{\rho f_b}{m} w_0 \Delta w$$

在上式的计算中，垂直上升时，$w_0 < 0$；垂直下降时，$w_0 > 0$。于是就得到了其线性化表达式：

$$右边 = -\frac{k_f}{m}(n_{10}^2 + n_{20}^2 + n_{30}^2 + n_{40}^2) + g\cos\theta_0\cos\phi_0 \pm \frac{\rho f_b}{2m} w_0^2$$
$$-\frac{2k_f}{m}(n_{10}\Delta n_1 + n_{20}\Delta n_2 + n_{30}\Delta n_3 + n_{40}\Delta n_4) - \frac{\rho f_b}{m} w_0 \Delta w \tag{5-43c}$$

（3）得到小扰动线性化方程

明显的，式(5-43c)中前一部分是基准运动方程，而后一部分为小扰动运动方程。由于基准运动是平衡运动，因此这部分方程为零。这样将式(5-34b)、式(5-43b)和式(5-43c)的结果同时代回到式(5-43a)后，得到垂直速度的小扰动线性化方程：

$$\Delta \dot{w} = -\frac{2k_f}{m}(n_{10}\Delta n_1 + n_{20}\Delta n_2 + n_{30}\Delta n_3 + n_{40}\Delta n_4) - \frac{\rho f_b}{m} w_0 \Delta w \tag{5-44}$$

式(5-44)与式(5-7)的前两个方程组成了垂直运动时的力方程，力矩方程为式(5-8)，运动学方程为式(5-9)和式(5-10)。

5.4.3 小扰动运动的状态方程

由以上结果可知，按照小扰动运动的假设，纵向和横侧向运动的状态方程

如下。

（1）纵向运动状态方程

$$
\begin{bmatrix} \Delta\dot{u} \\ \Delta\dot{w} \\ \Delta\dot{q} \\ \Delta\dot{\theta} \end{bmatrix} = \begin{bmatrix} 0 & 0 & 0 & -g \\ 0 & -\rho f_b w_0/m & 0 & 0 \\ 0 & 0 & 0 & 0 \\ 0 & 0 & 1 & 0 \end{bmatrix} \begin{bmatrix} \Delta u \\ \Delta w \\ \Delta q \\ \Delta\theta \end{bmatrix}
$$

$$
+ \begin{bmatrix} 0 & 0 & 0 & 0 \\ -(2k_f/m)n_{10} & -(2k_f/m)n_{20} & -(2k_f/m)n_{30} & -(2k_f/m)n_{40} \\ (2k_f/I_y)x_1 n_{10} & (2k_f/I_y)x_1 n_{20} & -(2k_f/I_y)x_2 n_{30} & -(2k_f/I_y)x_2 n_{40} \\ 0 & 0 & 0 & 0 \end{bmatrix} \begin{bmatrix} \Delta n_1 \\ \Delta n_2 \\ \Delta n_3 \\ \Delta n_4 \end{bmatrix}
$$

$$(5\text{-}45)$$

若定义高度为 $H = H_0 + \Delta H$，且离开地面向上为正，则升降（或垂直）速度 $\dot{H} = \Delta\dot{H}$，且有

$$\Delta\dot{H} = -\Delta w \qquad (5\text{-}46)$$

若从一般性的操纵观点来看，式（5-45）中第二个方程已经指出，任何一个旋翼增量转速的改变都将引起垂直运动，但从四旋翼飞行器的运动特点来看，单独一个旋翼增量转速的变化将引起不平衡力矩，从而使飞行器发生姿态运动，这种运动又可能会使得垂直运动不能够达到其操纵目的。因此，垂直运动若是为了改变高度，那么其运动过程中保持力矩平衡是必要的限制条件。

（2）横侧向运动状态方程

同式（5-12）。但需要强调的是，尽管在垂直运动时部分运动方程与悬停运动方程在形式上是相同的，但由于这两种运动状态的平衡点（或基准运动）的旋翼转速不同，因而在具体数据上是有差异的。

5.4.4　小扰动运动的传递函数

从式（5-45）和式（5-12）中可以得到关于垂直运动的传递函数。显然，从两个方程上来看，关于 Δu、Δq、$\Delta\theta$ 和 Δv、Δp、$\Delta\phi$、Δr、$\Delta\psi$ 响应的传递函数与悬停状态下的传递函数是相同的。唯一不同的是关于 Δw 响应的传递函数，以下进行推导。

假设在进行垂直运动时，四旋翼飞行器力矩保持平衡，即姿态保持不变，则其旋翼增量转速的输入应满足式（5-20），同时在基准运动时还应满足 $n_{10} = n_{20} = (\sqrt{x_2/x_1})n_{30} = (\sqrt{x_2/x_1})n_{40}$。于是在上述条件下，对式（5-45）中关于 Δw 的方程进行零初始条件下拉普拉斯变换，得到

$$\frac{\Delta w}{\Delta n_1} = -\frac{4k_f n_{10}}{m} \times \frac{x_1 + x_2}{x_2} \times \frac{1}{s + \rho f_b w_0 / m} \tag{5-47}$$

由式(5-46)并利用式(5-47),得到

$$\frac{\Delta H}{\Delta n_1} = \frac{4k_f n_{10}}{m} \times \frac{x_1 + x_2}{x_2} \times \frac{1}{s(s + \rho f_b w_0 / m)} \tag{5-48}$$

式(5-47)和式(5-48)中的 Δn_1 可以看成一个等效输入,它等效于四个旋翼增量转速的共同作用。也就是说,在实际输入中,应该是四个旋翼来共同改变转速,而其他旋翼的增量转速应符合式(5-20)要求。图 5-5 则说明了以上关于等效输入和各旋翼转速输入关系的描述。

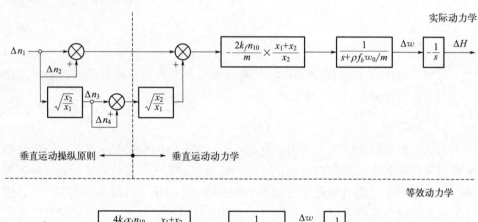

图 5-5　垂直运动操纵时 Δw 和 ΔH 传递函数方框图

式(5-47)和式(5-48)也表明了,在进行垂直上升运动时($w_0 < 0$),通过增大旋翼转速来控制垂直速度或高度的响应是不稳定的,这是因为存在一个正的实根 $s = -\rho f_b w_0 / m (w_0 < 0)$。这一现象与直升机是类似的[15],因此需要通过飞行控制系统来使得其动力学响应为收敛的响应。

5.5
前飞小扰动线性化方程和传递函数

5.5.1　基准运动方程

按 5.2 节中关于前飞基准运动的定义,四旋翼飞行器将以不变的前飞速度 V_0 进行对称定常直线飞行,并且当航迹倾斜角 $\gamma_0 = 0$ 时,则称为对称定常直线水平飞行。显然 $\gamma_0 = 0$ 是对称定常直线飞行的一种特殊情况。

前飞基准运动时，各运动变量需满足如下条件：

① 纵向变量：前飞速度 V_0 和高度 H_0 为不等于零的常数，$\gamma_0 \neq 0$，θ_0 和 α_0 为一般不为零的常数，$q_0 = 0$；

② 横侧向变量：$\beta_0 = 0$，$\phi_0 = 0$，$\psi_0 \neq 0$，$p_0 = 0$，$r_0 = 0$，其余均为常数。

由式（3-43）得到基准运动时的力方程，并代入上述变量条件后得到

$$
\begin{cases}
\dfrac{1}{m}(k_f \sin\alpha_0 + k_d \cos\alpha_0)(n_{10}^2 + n_{20}^2 + n_{30}^2 + n_{40}^2) + \dfrac{1}{2m}\rho V_0^2 f_b + g\sin\gamma_0 = 0 \\[2mm]
\dfrac{1}{m}(-k_f \cos\alpha_0 + k_d \sin\alpha_0)(n_{10}^2 + n_{20}^2 + n_{30}^2 + n_{40}^2) + g\cos\gamma_0 = 0
\end{cases}
$$

$$(5-49)$$

由于是对称飞行，式（3-43）中关于第二个方程的平衡方程是自然成立的，因此其在式（5-49）基准运动方程中没有出现。

由式（3-44）得到基准运动的力矩方程：

$$
\begin{cases}
k_f y_1 (n_{10}^2 - n_{20}^2) + k_f y_2 (n_{30}^2 - n_{40}^2) = 0 \\[1mm]
(-k_d z_r + k_f x_1)(n_{10}^2 + n_{20}^2) + (-k_d z_r - k_f x_2)(n_{30}^2 + n_{40}^2) = 0 \\[1mm]
(k_m - k_d y_1)(n_{10}^2 - n_{20}^2) - (k_m + k_d y_2)(n_{30}^2 - n_{40}^2) = 0
\end{cases} \quad (5-50)
$$

通过式（3-45）可以推出基准运动时：

$$p_{a0} = 0, \quad q_{a0} = 0, \quad r_{a0} = 0 \tag{5-51}$$

由式（3-47）可以推出基准运动时：

$$
\begin{cases}
\gamma_0 = \theta_0 - \alpha_0 \\
\chi_0 = \psi_0 \\
\mu_0 = 0
\end{cases} \tag{5-52}
$$

5.5.2　小扰动线性化方程的推导

有关小扰动线性化方程的推导方法与悬停和垂直运动的方法基本相同。而不同的是，前飞时的阻力一般是作为迎角的函数来处理的，即

$$f_b = f_b(\alpha) \tag{5-53}$$

对式（5-53）进行小扰动线性化处理后得到

$$f_b \approx f_b(\alpha_0) + \left(\frac{\mathrm{d}f_b}{\mathrm{d}\alpha}\right)_{\alpha=\alpha_0} \Delta\alpha \tag{5-54}$$

令 $f_{b0} = f_b(\alpha_0)$，$C_{f\alpha} = (\mathrm{d}f_b/\mathrm{d}\alpha)_{\alpha=\alpha_0}$（基准运动时机身阻力对迎角的导数），则上式可写为

$$f_b \approx f_{b0} + C_{f\alpha} \Delta\alpha \tag{5-55}$$

于是对式(3-43)的第一个方程中的机身阻力加速度项进行小扰动线性化处理,并将 $V^2 \approx V_0^2 + 2V_0\Delta V$ 和式(5-55)也代入阻力加速度表达式中得到

$$\frac{1}{2m}\rho V^2 f_b \approx \frac{\rho}{2m}(V_0^2 + 2V_0\Delta V)(f_{b0} + C_{fa}\Delta\alpha)$$

展开上式,并略去其中的高阶小量后得到

$$\frac{1}{2m}\rho V^2 f_b \approx \frac{1}{2m}\rho V_0^2 f_{b0} + \frac{\rho V_0 f_{b0}}{m}\Delta V + \frac{\rho V_0^2 C_{fa}}{2m}\Delta\alpha \tag{5-56}$$

有了上述结果后,以下将直接给出前飞时的小扰动线性化方程:

(1) 力方程〔式(3-43)〕的小扰动线性化方程

$$\begin{cases} \Delta\dot{V} = -\dfrac{\rho V_0 f_{b0}}{m}\Delta V - \left[\dfrac{\rho V_0^2 C_{fa}}{2m} + \dfrac{1}{m}(k_f\cos\alpha_0 - k_d\sin\alpha_0)(n_{10}^2 + n_{20}^2 + n_{30}^2 + n_{40}^2)\right]\Delta\alpha \\[2mm] \qquad - g\cos\gamma_0\Delta\gamma - \dfrac{2}{m}(k_f\sin\alpha_0 + k_d\cos\alpha_0)(n_{10}\Delta n_1 + n_{20}\Delta n_2 + n_{30}\Delta n_3 + n_{40}\Delta n_4) \\[3mm] V_0\Delta r_a = \dfrac{1}{m}(k_f\sin\alpha_0 + k_d\cos\alpha_0)(n_{10}^2 + n_{20}^2 + n_{30}^2 + n_{40}^2)\Delta\beta + g\cos\gamma_0\Delta\mu \\[3mm] -V_0\Delta q_a = \dfrac{1}{m}(k_f\sin\alpha_0 + k_d\cos\alpha_0)(n_{10}^2 + n_{20}^2 + n_{30}^2 + n_{40}^2)\Delta\alpha - g\sin\gamma_0\Delta\gamma \\[2mm] \qquad + 2(-k_f\cos\alpha_0 + k_d\sin\alpha_0)(n_{10}\Delta n_1 + n_{20}\Delta n_2 + n_{30}\Delta n_3 + n_{40}\Delta n_4) \end{cases}$$
$$\tag{5-57}$$

(2) 力矩方程〔式(3-44)〕的小扰动线性化方程

$$\begin{cases} \Delta\dot{p}I_x - \Delta\dot{r}I_{xz} = 2k_f y_1(n_{10}\Delta n_1 - n_{20}\Delta n_2) + 2k_f y_2(n_{30}\Delta n_3 - n_{40}\Delta n_4) \\[2mm] \Delta\dot{q}I_y = 2(-k_d z_r + k_f x_1)(n_{10}\Delta n_1 + n_{20}\Delta n_2) \\[1mm] \qquad + 2(-k_d z_r - k_f x_2)(n_{30}\Delta n_3 + n_{40}\Delta n_4) \\[2mm] \Delta\dot{r}I_z - \Delta\dot{p}I_{xz} = 2(k_m - k_d y_1)(n_{10}\Delta n_1 - n_{20}\Delta n_2) \\[1mm] \qquad - 2(k_m + k_d y_2)(n_{30}\Delta n_3 - n_{40}\Delta n_4) \end{cases} \tag{5-58}$$

(3) 运动学方程〔式(3-31)〕的小扰动线性化方程

$$\begin{cases} \Delta\dot{\phi} = \Delta p + \Delta r\tan\theta_0 \\[2mm] \Delta\dot{\theta} = \Delta q \\[2mm] \Delta\dot{\psi} = \Delta r/\cos\theta_0 \end{cases} \tag{5-59}$$

（4）运动学方程［式(3-45)］的小扰动线性化方程

$$\begin{cases} \Delta\dot{\mu} = \Delta p_a + \Delta r_a \tan\gamma_0 \\ \Delta\dot{\gamma} = \Delta q_a \\ \Delta\dot{\chi} = \Delta r_a / \cos\gamma_0 \end{cases} \tag{5-60}$$

（5）运动学方程［式(3-46)］的小扰动线性化方程

$$\begin{cases} \Delta\dot{x}_e = (\cos\chi_0\cos\gamma_0)\Delta V - (V_0\sin\chi_0\cos\gamma_0)\Delta\chi - (V_0\cos\chi_0\sin\gamma_0)\Delta\gamma \\ \Delta\dot{y}_e = (\sin\chi_0\cos\gamma_0)\Delta V + (V_0\cos\chi_0\cos\gamma_0)\Delta\chi - (V_0\sin\chi_0\sin\gamma_0)\Delta\gamma \\ \Delta\dot{z}_e = -(\sin\gamma_0)\Delta V - (V_0\cos\gamma_0)\Delta\gamma \end{cases} \tag{5-61}$$

（6）几何关系方程［式(3-47)］的小扰动线性化方程

$$\begin{cases} \Delta\gamma = \Delta\theta - \Delta\alpha \\ \Delta\chi = \Delta\psi + \dfrac{1}{\cos\gamma_0}\Delta\beta - \dfrac{\sin\alpha_0}{\cos\gamma_0}\Delta\phi \\ \Delta\mu = \dfrac{\cos\theta_0}{\cos\gamma_0}\Delta\phi + (\tan\gamma_0)\Delta\beta \end{cases} \tag{5-62}$$

注：在前飞基准运动时，由几何关系方程推得

$$\begin{cases} \gamma_0 = \theta_0 - \alpha_0 \\ \chi_0 = \psi_0 \\ \mu_0 = 0 \end{cases} \tag{5-63}$$

在式(5-62)的推导中利用了式(5-63)的结果。

5.5.3 小扰动运动的状态方程

前飞时，由于力方程是建立在速度坐标系上，因此状态的选择与悬停和垂直运动有一定的区别。

对于纵向运动，其状态选择为 $[\Delta V \quad \Delta\alpha \quad \Delta q \quad \Delta\theta]^T$，横侧向运动的状态选择为 $[\Delta\beta \quad \Delta p \quad \Delta r \quad \Delta\phi]^T$，输入仍为 $[\Delta n_1 \quad \Delta n_2 \quad \Delta n_3 \quad \Delta n_4]^T$。

（1）纵向运动状态方程

由式(5-57)的第一个和第三个方程以及式(5-58)的第二个方程，组成了纵向运动的动力学方程，并将方程中 Δq_a 用式(5-59)、式(5-60)和式(5-62)变换为状态变量表达式，即 $\Delta q_a = \Delta\dot{\gamma} = \Delta\dot{\theta} - \Delta\dot{\alpha} = \Delta q - \Delta\dot{\alpha}$，以及将航迹倾斜角 $\Delta\gamma$

按式 (5-62) 也变换为状态变量后，得到

$$
\begin{cases}
\Delta\dot{V} = -\dfrac{\rho V_0 f_{b0}}{m}\Delta V - \left[\dfrac{\rho V_0^2 C_{f\alpha}}{2m} + \dfrac{1}{m}(k_f\cos\alpha_0 - k_d\sin\alpha_0)(n_{10}^2 + n_{20}^2 + n_{30}^2 + n_{40}^2)\right. \\
\qquad \left. -g\cos\gamma_0\right]\Delta\alpha - g\cos\gamma_0\Delta\theta - \dfrac{2}{m}(k_f\sin\alpha_0 + k_d\cos\alpha_0) \\
\qquad (n_{10}\Delta n_1 + n_{20}\Delta n_2 + n_{30}\Delta n_3 + n_{40}\Delta n_4) \\
\Delta\dot{\alpha} = \left[\dfrac{1}{mV_0}(k_f\sin\alpha_0 + k_d\cos\alpha_0)(n_{10}^2 + n_{20}^2 + n_{30}^2 + n_{40}^2) + \dfrac{g}{V_0}\sin\gamma_0\right]\Delta\alpha + \Delta q - \dfrac{g\sin\gamma_0}{V_0} \\
\qquad \Delta\theta + \dfrac{2}{V_0}(-k_f\cos\alpha_0 + k_d\sin\alpha_0)(n_{10}\Delta n_1 + n_{20}\Delta n_2 + n_{30}\Delta n_3 + n_{40}\Delta n_4) \\
\Delta\dot{q} = \dfrac{2}{I_y}(-k_d z_r + k_f x_1)(n_{10}\Delta n_1 + n_{20}\Delta n_2) + \dfrac{2}{I_y}(-k_d z_r - k_f x_2) \\
\qquad (n_{30}\Delta n_3 + n_{40}\Delta n_4) \\
\Delta\dot{\theta} = \Delta q
\end{cases}
$$

$$(5\text{-}64)$$

式 (5-64) 可以写成状态方程表达式

$$
\begin{bmatrix} \Delta\dot{V} \\ \Delta\dot{\alpha} \\ \Delta\dot{q} \\ \Delta\dot{\theta} \end{bmatrix} =
\begin{bmatrix}
-\dfrac{\rho V_0 f_{b0}}{m} & -\dfrac{\rho V_0^2 C_{f\alpha}}{2m} - a_v + g\cos\gamma_0 & 0 & -g\cos\gamma_0 \\
0 & a_\alpha + \dfrac{g}{V_0}\sin\gamma_0 & 1 & -\dfrac{g}{V_0}\sin\gamma_0 \\
0 & 0 & 0 & 0 \\
0 & 0 & 1 & 0
\end{bmatrix}
\begin{bmatrix} \Delta V \\ \Delta\alpha \\ \Delta q \\ \Delta\theta \end{bmatrix}
$$

$$
+ \begin{bmatrix}
b_v n_{10} & b_v n_{20} & b_v n_{30} & b_v n_{40} \\
b_\alpha n_{10} & b_\alpha n_{20} & b_\alpha n_{30} & b_\alpha n_{40} \\
b_{q1} n_{10} & b_{q1} n_{20} & b_{q2} n_{30} & b_{q2} n_{40} \\
0 & 0 & 0 & 0
\end{bmatrix}
\begin{bmatrix} \Delta n_1 \\ \Delta n_2 \\ \Delta n_3 \\ \Delta n_4 \end{bmatrix}
$$

$$(5\text{-}65)$$

式中

$$a_v = -\dfrac{1}{m}(k_f\cos\alpha_0 - k_d\sin\alpha_0)(n_{10}^2 + n_{20}^2 + n_{30}^2 + n_{40}^2)$$

$$a_\alpha = \dfrac{1}{mV_0}(k_f\sin\alpha_0 + k_d\cos\alpha_0)(n_{10}^2 + n_{20}^2 + n_{30}^2 + n_{40}^2)$$

$$b_v = -\dfrac{2}{m}(k_f\sin\alpha_0 + k_d\cos\alpha_0)$$

$$b_a = \frac{2}{V_0}(-k_f \cos\alpha_0 + k_d \sin\alpha_0)$$

$$b_{q1} = \frac{2}{I_y}(-k_d z_r + k_f x_1)$$

$$b_{q2} = \frac{2}{I_y}(-k_d z_r - k_f x_2)$$

纵向运动的运动学和几何关系方程，已经在 5.5.2 节中列出。

(2) 横侧向运动状态方程

由式(5-57) 的第二个方程以及式(5-58) 的第一个和第三个方程，组成了横侧向运动的动力学方程，并将方程中的 Δr_a 用式(5-59)、式(5-60) 和式(5-62) 变换为状态变量表达式，即 $\Delta r_a = \Delta\dot{\gamma}\cos\gamma_0 = \Delta\dot{\beta} - \sin\alpha_0\Delta p + \cos\alpha_0\Delta r$，以及将航迹滚转角 $\Delta\mu$ 按式(5-62) 也变换为状态变量后，得到

$$
\left\{
\begin{aligned}
\Delta\dot{\beta} &= \left[\frac{1}{mV_0}(k_f\sin\alpha_0 + k_d\cos\alpha_0)(n_{10}^2 + n_{20}^2 + n_{30}^2 + n_{40}^2) + \frac{g}{V_0}\sin\gamma_0\right]\Delta\beta \\
&\quad + \sin\alpha_0\Delta p - \cos\alpha_0\Delta r + \frac{g}{V_0}\cos\theta_0\Delta\phi \\
\Delta\dot{p} &= \frac{I_{xz}}{I_x I_z - I_{xz}^2}\left\{\left[2k_f y_1\frac{I_z}{I_{xz}} + 2(k_m - k_d y_1)\right]n_{10}\Delta n_1\right. \\
&\quad \left. - \left[2k_f y_1\frac{I_z}{I_{xz}} + 2(k_m - k_d y_1)\right]n_{20}\Delta n_2\right\} \\
&\quad + \frac{I_{xz}}{I_x I_z - I_{xz}^2}\left\{\left[2k_f y_2\frac{I_z}{I_{xz}} - 2(k_m + k_d y_2)\right]n_{30}\Delta n_3\right. \\
&\quad \left. - \left[2k_f y_2\frac{I_z}{I_{xz}} - 2(k_m + k_d y_2)\right]n_{40}\Delta n_4\right\} \\
\Delta\dot{r} &= \frac{I_x}{I_x I_z - I_{xz}^2}\left\{\left[2k_f y_1\frac{I_{xz}}{I_x} + 2(k_m - k_d y_1)\right]n_{10}\Delta n_1\right. \\
&\quad \left. - \left[2k_f y_1\frac{I_{xz}}{I_x} + 2(k_m - k_d y_1)\right]n_{20}\Delta n_2\right\} \\
&\quad + \frac{I_x}{I_x I_z - I_{xz}^2}\left\{\left[2k_f y_2\frac{I_{xz}}{I_x} - 2(k_m + k_d y_2)\right]n_{30}\Delta n_3\right. \\
&\quad \left. - \left[2k_f y_2\frac{I_{xz}}{I_x} - 2(k_m + k_d y_2)\right]n_{40}\Delta n_4\right\} \\
\Delta\dot{\phi} &= \Delta p + \tan\theta_0\Delta r
\end{aligned}
\right.
\tag{5-66}
$$

将式(5-66) 写成状态方程的形式后，得到

$$\begin{bmatrix} \Delta\dot{\beta} \\ \Delta\dot{p} \\ \Delta\dot{r} \\ \Delta\dot{\phi} \end{bmatrix} = \begin{bmatrix} a_\beta & \sin\alpha_0 & -\cos\alpha_0 & \dfrac{g}{V_0} \\ 0 & 0 & 0 & 0 \\ 0 & 0 & 0 & 0 \\ 0 & 1 & \tan\theta_0 & 0 \end{bmatrix} \begin{bmatrix} \Delta\beta \\ \Delta p \\ \Delta r \\ \Delta\phi \end{bmatrix}$$

$$+ \begin{bmatrix} 0 & 0 & 0 & 0 \\ b_{p1}n_{10} & -b_{p1}n_{20} & b_{p2}n_{30} & -b_{p2}n_{40} \\ b_{r1}n_{10} & -b_{r1}n_{20} & b_{r2}n_{30} & -b_{r2}n_{40} \\ 0 & 0 & 0 & 0 \end{bmatrix} \begin{bmatrix} \Delta n_1 \\ \Delta n_2 \\ \Delta n_3 \\ \Delta n_4 \end{bmatrix} \tag{5-67}$$

式中

$$a_\beta = \frac{1}{mV_0}(k_f\sin\alpha_0 + k_d\cos\alpha_0)(n_{10}^2 + n_{20}^2 + n_{30}^2 + n_{40}^2) + \frac{g}{V_0}\sin\gamma_0$$

$$b_{p1} = 2k_f y_1 \frac{I_z}{I_x I_z - I_{xz}^2} + 2(k_m - k_d y_1)\frac{I_{xz}}{I_x I_z - I_{xz}^2}$$

$$b_{p2} = 2k_f y_2 \frac{I_z}{I_x I_z - I_{xz}^2} - 2(k_m + k_d y_2)\frac{I_{xz}}{I_x I_z - I_{xz}^2}$$

$$b_{r1} = 2k_f y_1 \frac{I_{xz}}{I_x I_z - I_{xz}^2} + 2(k_m - k_d y_1)\frac{I_x}{I_x I_z - I_{xz}^2}$$

$$b_{r2} = 2k_f y_2 \frac{I_{xz}}{I_x I_z - I_{xz}^2} - 2(k_m + k_d y_2)\frac{I_x}{I_x I_z - I_{xz}^2}$$

为完整起见，对于式(5-67)还需补充如下方程：

$$\Delta\dot{\psi} = \Delta r / \cos\theta_0 \tag{5-68}$$

关于横侧向运动的其他运动学和几何关系方程，已经在 5.5.2 节中列出。

5.5.4 小扰动运动的传递函数

5.5.4.1 纵向运动传递函数

（1）Δq 和 $\Delta\theta$ 的传递函数

注意表 2-4 中所定义的俯仰操纵方法，在俯仰操纵时有 $\Delta n_1 = \Delta n_2$，$\Delta n_3 = \Delta n_4$；又根据式（4-25）可知，在前飞基准运动时有 $n_{10} = n_{20} = n_{30}\sqrt{(k_f x_2 + k_d z_r)/(k_f x_1 - k_d z_r)}$，$n_{30} = n_{40}$，于是由式（5-65）的第三个方程得到

$$\Delta\dot{q} = 2b_{q1}n_{10}\left(\Delta n_1 - \Delta n_3\sqrt{\frac{k_f x_2 + k_d z_r}{k_f x_1 - k_d z_r}}\right) \tag{5-69}$$

若定义 Δn_e 为俯仰转速输入，则有

$$\Delta n_e = \Delta n_1 - \Delta n_3\sqrt{\frac{k_f x_2 + k_d z_r}{k_f x_1 - k_d z_r}} \tag{5-70}$$

故而

$$\Delta\dot{q} = 2b_{q1}n_{10}\Delta n_e \tag{5-71}$$

按表 2-4，在式（5-70）中，如果要使四旋翼飞行器俯仰抬头（$\Delta q > 0$），则必须使 $\Delta n_e = \Delta n_1 > 0$；若要使之俯仰低头（$\Delta q < 0$），则必须使 $\Delta n_e = -\Delta n_3$ $\sqrt{(k_f x_2 + k_d z_r)/(k_f x_1 - k_d z_r)} < 0$。

同样，Δn_e 是等效输入，在进行俯仰操纵时，若需要抬头则 Δn_1 和 Δn_2 需要同时增加，且 $\Delta n_1 = \Delta n_2$，而 Δn_e 表达式中仅仅只有 Δn_1，但在式（5-71）中已经包含了 Δn_1 和 Δn_2 的共同作用效果；而低头时则 Δn_3 和 Δn_4 也需要同时增加，且 $\Delta n_3 = \Delta n_4$，在式（5-71）中也已经包含了 Δn_3 和 Δn_4 的共同作用效果。

因此，前飞时关于俯仰角速度运动的传递函数为

$$\frac{\Delta q}{\Delta n_e} = 2b_{q1}n_{10}\frac{1}{s} \tag{5-72}$$

以及

$$\frac{\Delta\theta}{\Delta n_e} = 2b_{q1}n_{10}\frac{1}{s^2} \tag{5-73}$$

关于上述两个传递函数的等效输入和各旋翼转速关系的方框图如图 5-6 所示。

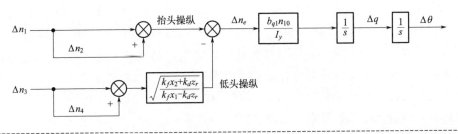

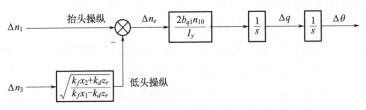

图 5-6　前飞时 Δq 和 $\Delta\theta$ 传递函数方框图

当然，必须说明的是，在 Δn_e 输入下，ΔV 和 $\Delta \alpha$ 也会发生变化，并由相应的传递函数来描述，关于这些传递函数的推导请参见附录。

（2）$\Delta\alpha$ 的传递函数

在俯仰操纵时，由于迎角 $\Delta\alpha$ 是伴随 Δq 而产生变化的，并且由于四旋翼飞行器不依赖气动部件的升力飞行，因此在一般情况下 $\Delta\alpha$ 并不影响飞行器的气动效率，同时也不存在大迎角下的失速问题。而迎角仅仅在大速度飞行下对机身气动阻力有一定的影响，同时对旋翼阻力（即直升机理论中的 H 力）有一定的影响，但这个影响在本书中将不做讨论，有兴趣的读者可以参考有关文献[14,15]。

通过式(5-65) 的第二个方程，得到在俯仰操纵时的迎角响应传递函数为

$$\Delta\alpha = \frac{s - \dfrac{g}{V_0}\sin\gamma_0}{s - \left(a_\alpha + \dfrac{g}{V_0}\sin\gamma_0\right)}\Delta\theta + \frac{2b_\alpha}{s - \left(a_\alpha + \dfrac{g}{V_0}\sin\gamma_0\right)}(n_{10}\Delta n_1 + n_{30}\Delta n_3) \quad (5\text{-}74)$$

式(5-74) 说明，在前飞时，若使平衡俯仰角（θ_0）保持不变，则意味着 $\Delta\theta = 0$，那么同步提升旋翼转速（即增加升力），并满足以下条件：

$$\Delta n_1 = \Delta n_2, \Delta n_3 = \Delta n_4, \Delta n_1 = \Delta n_3 \sqrt{(k_f x_2 + k_d z_r)/(k_f x_1 - k_d z_r)}$$

此时迎角 $\Delta\alpha$ 将会出现改变而发生响应。此时的迎角传递函数式(5-74) 变为

$$\Delta\alpha = \frac{2b_\alpha}{s - \left(a_\alpha + \dfrac{g}{V_0}\sin\gamma_0\right)}(n_{10}\Delta n_1 + n_{30}\Delta n_3)$$

$$= \frac{2b_\alpha k_f n_{10}(x_1 + x_2)}{k_f x_1 - k_d z_r} \times \frac{1}{s - \left(a_\alpha + \dfrac{g}{V_0}\sin\gamma_0\right)}\Delta n_1 \quad (5\text{-}75)$$

式(5-75) 指出了在前飞（假定前飞时的俯仰角为 θ_0）、保持 $\Delta\theta = 0$ 的情况下改变迎角的方法，即在保持俯仰力矩平衡的条件下，按 $\Delta n_1 = \Delta n_3$ $\sqrt{(k_f x_2 + k_d z_r)/(k_f x_1 - k_d z_r)}$ 的关系，采用同时增加或减少 Δn_1、Δn_3 的方法来控制迎角。这是由于俯仰控制系统在维持 $\Delta\theta = 0$ 的控制中，也需要通过增加或减小 Δn_1、Δn_3 来实现，因此采用同步增加或减小 Δn_1、Δn_3 来对迎角进行控制，可以避免输入控制竞争的现象发生。上述这种方法，实际上也是在俯仰力矩平衡的条件下，进行了垂直运动的控制或总距控制（同时增加或减少 Δn_1、Δn_3），改变了全机升力的大小，因而产生垂直方向上的升降速度，于是在与前飞速度的共同作用下，飞行器将出现爬升或俯冲运动。这是因为 $\Delta\theta = 0$，因此 $\Delta\gamma = -\Delta\alpha$，而垂直速度或高度变化率则为 $\Delta\dot{H} \approx V_0\Delta\gamma$。因此，四旋翼飞行器可以通过控制迎角（总距操纵的方式）来达到对纵向轨迹角 $\Delta\gamma$ 的控制，以实现对四旋翼飞行器的前飞爬升和俯冲操纵。显然在上述这种情况下，前飞速度是无法维持不变的，因此还需要速度控制系统来配合工作，以维持前飞速度 V_0 不变。

在式(5-74)中，利用式(5-73)的结果得到

$$\Delta\alpha = 2b_\alpha n_{10}\left\{\frac{s^2 + \dfrac{b_{q1}}{b_\alpha}s - \dfrac{b_{q1}}{b_\alpha}\dfrac{g}{V_0}\sin\gamma_0}{s^2\left[s - \left(a_\alpha + \dfrac{g}{V_0}\sin\gamma_0\right)\right]}\right\}\Delta n_1 + 2b_\alpha n_{30}\left\{\frac{s^2 + \dfrac{b_{q2}}{b_\alpha}s - \dfrac{b_{q2}}{b_\alpha}\dfrac{g}{V_0}\sin\gamma_0}{s^2\left[s - \left(a_\alpha + \dfrac{g}{V_0}\sin\gamma_0\right)\right]}\right\}\Delta n_3$$

$$(5\text{-}76)$$

在式(5-76)中，令

$$G_{\alpha1}(s) = 2b_\alpha n_{10}\left\{\frac{s^2 - \dfrac{b_{q1}}{b_\alpha}s + \dfrac{b_{q1}}{b_\alpha}\dfrac{g}{V_0}\sin\gamma_0}{s^2\left[s - \left(a_\alpha + \dfrac{g}{V_0}\sin\gamma_0\right)\right]}\right\}$$

$$G_{\alpha3}(s) = 2b_\alpha n_{30}\left\{\frac{s^2 - \dfrac{b_{q2}}{b_\alpha}s + \dfrac{b_{q2}}{b_\alpha}\dfrac{g}{V_0}\sin\gamma_0}{s^2\left[s - \left(a_\alpha + \dfrac{g}{V_0}\sin\gamma_0\right)\right]}\right\}$$

式(5-76)是四旋翼飞行器仅仅是在转速输入下的迎角响应模型。由于俯仰抬头操纵时 $\Delta n_1 = \Delta n_2$，因此抬头时在 Δn_1 输入下的迎角响应传递函数为 $G_{\alpha1}(s)$；俯仰低头操纵时 $\Delta n_3 = \Delta n_4$，所以低头时在 Δn_3 输入下的迎角响应传递函数为 $G_{\alpha3}(s)$，显然它们具有不同的动力学特性。

图 5-7 仅表示了前飞时在 $\Delta\theta = 0$ 条件下，操纵或控制迎角的方法和传递函数方框图。

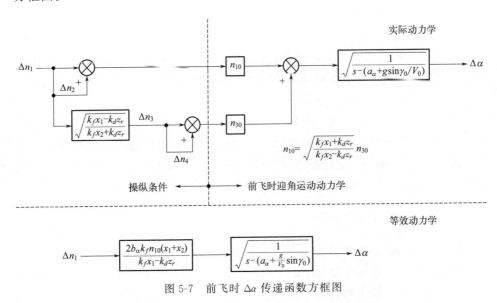

图 5-7　前飞时 $\Delta\alpha$ 传递函数方框图

(3) ΔV 的传递函数

前飞扰动速度 ΔV 的响应也类似于迎角响应，是伴随俯仰角速度或俯仰角而产生其响应的。这对于四旋翼飞行器来说尤为明显，即前飞速度是出现了低头的负俯仰角才产生的，这在第 5 章中已经做了充分的阐述和论证。

对于前飞扰动速度 ΔV 响应的传递函数，可由式(5-65) 的第一个方程，以及按表 2-4 的俯仰运动操纵方法，得到

$$\Delta V = -\frac{\dfrac{\rho V_0^2 C_{f\alpha}}{2m}+a_v-g\cos\gamma_0}{s+\dfrac{\rho V_0 f_{b0}}{m}}\Delta\alpha-\frac{g\cos\gamma_0}{s+\dfrac{\rho V_0 f_{b0}}{m}}\Delta\theta+\frac{2b_v}{s+\dfrac{\rho V_0 f_{b0}}{m}}(n_{10}\Delta n_1+n_{30}\Delta n_3)$$

(5-77)

上式说明，在前飞时速度受到俯仰角和旋翼升力（转速）的双重影响，一方面在保持俯仰角不变的条件下，同时提高旋翼升力（转速）就能增加速度，反之则可减小速度；而另一方面如果采用改变俯仰角的方法来改变速度的话，不但会受到俯仰角的影响还会受到旋翼升力（转速）改变的影响。

若在式(5-77) 中令

$$G_{v1}(s)=-\frac{\dfrac{\rho V_0^2 C_{f\alpha}}{2m}+a_v-g\cos\gamma_0}{s+\dfrac{\rho V_0 f_{b0}}{m}},\ G_{v2}(s)=-\frac{g\cos\gamma_0}{s+\dfrac{\rho V_0 f_{b0}}{m}},\ G_{v3}(s)=\frac{2b_v}{s+\dfrac{\rho V_0 f_{b0}}{m}}$$

并利用式(5-73) 和式(5-76) 的结果得到

$$\Delta V=\left(G_{v1}G_{\alpha1}+\frac{2G_{v2}b_{q1}n_{10}}{s^2}+G_{v3}n_{10}\right)\Delta n_1+\left(G_{v1}G_{\alpha3}+\frac{2G_{v2}b_{q2}n_{10}}{s^2}+G_{v3}n_{30}\right)\Delta n_3$$

(5-78)

式(5-78) 即是在俯仰操纵时所引起的前飞速度响应。同样在进行俯仰抬头和低头操纵时，速度的响应特性是由两个不同的传递函数来描述的，这显然是由旋翼布局的几何不对称所引起的。

如果从设计的角度来说，应该首先设计俯仰角控制系统，如果不进行速度控制（即不进行速度跟踪和保持控制[16]），那么只需要俯仰角控制系统就能保持前飞俯仰角为 θ_0 不变（也就是 $\Delta\theta=0$），四旋翼飞行器将获得所对应的前飞平衡速度 V_0，可以按第 4 章的方法计算得到。

5.5.4.2 横侧向运动传递函数

(1) Δr 和 $\Delta\psi$ 的传递函数

类似的，为了在偏航运动时不影响俯仰平衡，同时按表 2-4 所定义的偏航操纵方法，在进行偏航运动时，作为输入的旋翼间增量转速应满足式(5-24) 的要

求，即

$$
\begin{cases}
\text{向右偏航时}, \Delta n_1 = \Delta n_4 \sqrt{\dfrac{k_f x_2 + k_d z_r}{k_f x_1 - k_d z_r}} \\[3mm]
\text{向左偏航时}, \Delta n_2 = \Delta n_3 \sqrt{\dfrac{k_f x_2 + k_d z_r}{k_f x_1 - k_d z_r}}
\end{cases}
\tag{5-79}
$$

前飞基准运动时其平衡转速需满足式（4-25），即 $n_{10} = n_{20} = n_{30}$ $\sqrt{(k_f x_2 + k_d z_r)/(k_f x_1 - k_d z_r)}$，$n_{30} = n_{40}$。与悬停状态类似，由式（5-67）第三个方程进行零初始条件下的拉普拉斯变换后，得到偏航角速度传递函数：

$$
\frac{\Delta r}{\Delta n_r} = b_{r1} n_{10} \left(1 - \frac{b_{r2}}{b_{r1}} \times \frac{k_f x_1 - k_d z_r}{k_f x_2 + k_d z_r} \right) \frac{1}{s}
\tag{5-80}
$$

由式（5-68）得到偏航角传递函数：

$$
\frac{\Delta \psi}{\Delta n_r} = \frac{b_{r1} n_{10}}{\cos \theta_0} \left(1 - \frac{b_{r2}}{b_{r1}} \times \frac{k_f x_1 - k_d z_r}{k_f x_2 + k_d z_r} \right) \frac{1}{s^2}
\tag{5-81}
$$

以上两个传递函数中的输入 $\Delta n_r = \Delta n_1 - \Delta n_2$，定义为偏航转速输入。按表 2-4，在偏航输入中，Δn_1 表示了 Δn_1 和 Δn_4 的共同输入作用；Δn_2 表示了 Δn_2 和 Δn_3 的共同输入作用。其传递函数方框图的信号流程与图 5-4 所示是类似的，仅方框中的传递函数有些差异，在这里不再重复了。

（2）Δp 和 $\Delta \phi$ 的传递函数

为了在滚转运动时不影响俯仰平衡，同时按表 2-4 所定义的操纵方法，在进行滚转运动时，作为输入的旋翼间增量转速应满足式（4-25）。

$$
\begin{cases}
\text{向右滚转时}, \Delta n_1 = \Delta n_3 \sqrt{\dfrac{k_f x_2 + k_d z_r}{k_f x_1 - k_d z_r}} \\[3mm]
\text{向左滚转时}, \Delta n_2 = \Delta n_4 \sqrt{\dfrac{k_f x_2 + k_d z_r}{k_f x_1 - k_d z_r}}
\end{cases}
\tag{5-82}
$$

前飞基准运动时其平衡转速需满足式（4-25），即 $n_{10} = n_{20} = n_{30}$ $\sqrt{(k_f x_2 + k_d z_r)/(k_f x_1 - k_d z_r)}$，$n_{30} = n_{40}$。与悬停状态类似，由式（5-67）的第二个方程进行零初始条件下的拉普拉斯变换后，得到滚转角速度传递函数：

$$
\frac{\Delta p}{\Delta n_a} = b_{p1} n_{10} \left(1 + \frac{b_{p2}}{b_{p1}} \times \frac{k_f x_1 - k_d z_r}{k_f x_2 + k_d z_r} \right) \frac{1}{s}
\tag{5-83}
$$

式（5-79）表示了在俯仰力矩平衡或不发生俯仰转动的情况下，当转速增量 Δn_a 发生变化，即进行滚转操纵后的滚转角速度响应。将式（5-79）新的输入 $\Delta n_a = \Delta n_1 - \Delta n_2$，定义为滚转转速输入。按表 2-4，在输入中，$\Delta n_1$ 表示了 Δn_1 和 Δn_3 的共同输入作用；Δn_2 表示了 Δn_2 和 Δn_4 的共同输入作用。

由式（5-67）的第四个方程得到滚转角传递函数：

$$\frac{\Delta\phi}{\Delta n_a}=\frac{1}{s}\left(\frac{\Delta p}{\Delta n_a}+\tan\theta_0\ \frac{\Delta r}{\Delta n_a}\right) \tag{5-84}$$

由于滚转角操纵的前提条件是保持俯仰平衡，因此转速增量需要满足式(5-22)的要求，所以按表 2-4 在向右滚转操纵中有 $\Delta n_1 \neq \Delta n_3$，而在向左滚转操纵中有 $\Delta n_2 \neq \Delta n_4$，尽管 R_1 和 R_3、R_2 和 R_4 转速方向相反，但转速不相等故而转矩也不相等，由此引起偏航运动。因此，由式(5-67) 的第三个方程得到，在滚转操纵中的偏航角速度响应的传递函数为

$$\frac{\Delta r}{\Delta n_a}=b_{r1}n_{10}\left(1+\frac{b_{r2}}{b_{r1}}\times\frac{k_f x_1-k_d z_r}{k_f x_2+k_d z_r}\right)\frac{1}{s} \tag{5-85}$$

式(5-85) 是前飞时进行滚转操纵所引起的偏航耦合响应模型，类似悬停状态时的分析，为了在前飞滚转操纵时得到有利的偏航，需要满足

$$b_{r1}(k_f x_2+k_d z_r)+b_{r2}(k_f x_1-k_d z_r)>0 \tag{5-86}$$

对于式(5-86) 很难得到一个类似悬停时的简单条件，因此只有按该式进行检验。如果旋翼阻力较小（即 $k_d \approx 0$），且旋翼桨尖平面与机体平面 $O_b x_b y_b$ 近似重合（$z_r \approx 0$），那么式(5-86) 在 $x_2 \geqslant x_1$ 时恒成立，这一条件与悬停时的条件是一致的。

将式(5-83) 和式(5-85) 代入 (5-84) 中后，得到

$$\frac{\Delta\phi}{\Delta n_a}=n_{10}\left\{b_{p1}\left(1+\frac{b_{p2}}{b_{p1}}\times\frac{k_f x_1-k_d z_r}{k_f x_2+k_d z_r}\right)+\tan\theta_0 b_{r1}\left(1+\frac{b_{r2}}{b_{r1}}\times\frac{k_f x_1-k_d z_r}{k_f x_2+k_d z_r}\right)\right\}\frac{1}{s^2}$$

$$\tag{5-87}$$

其传递函数方框图与图 5-3 所示是类似的，仅方框中的传递函数有些差异，在这里不再重复了。

(3) $\Delta\beta$ 的传递函数

式(5-67) 的第一个方程表明，侧滑角 $\Delta\beta$ 的响应可由滚转或偏航运动引起。对于旋翼布局几何不对称的四旋翼飞行器，滚转运动和偏航运动是耦合的，因此无论进行滚转操纵，还是进行偏航操纵，均会引起侧滑角响应。与迎角类似，由于四旋翼飞行器没有气动部件，也不依赖于其上所产生的气动力进行飞行，因此在四旋翼飞行器动力学中，侧滑角的作用并不像固定翼飞机那样重要。

对式(5-67) 的第一个方程进行拉普拉斯变换后得到

$$\Delta\beta=\frac{\sin\alpha_0}{s-a_\beta}\Delta p-\frac{\cos\alpha_0}{s-a_\beta}\Delta r+\frac{g}{V_0}\times\frac{1}{s-a_\beta}\Delta\phi \tag{5-88}$$

一般情况下，在产生 $\Delta\beta$ 后，常用 Δn_r 偏航转速作为输入以使 $\Delta\beta=0$。于是依据式(5-88) 得到在 Δn_r 作为输入下的 $\Delta\beta$ 传递函数为

$$\frac{\Delta\beta}{\Delta n_r}=\frac{\sin\alpha_0}{s-a_\beta}\times\frac{\Delta p}{\Delta n_r}-\frac{\cos\alpha_0}{s-a_\beta}\times\frac{\Delta r}{\Delta n_r}+\frac{g}{V_0}\times\frac{1}{s-a_\beta}\times\frac{\Delta\phi}{\Delta n_r}$$

$$=\frac{1}{s-a_\beta}\left[\left(\sin\alpha_0+\frac{g}{V_0}\times\frac{1}{s}\right)\frac{\Delta p}{\Delta n_r}+\left(-\cos\alpha_0+\frac{g}{V_0}\tan\theta_0\frac{1}{s}\right)\frac{\Delta r}{\Delta n_r}\right] \tag{5-89}$$

在式(5-89) 中，$\Delta r / \Delta n_r$ 传递函数与式(5-85) 类似，而航向操纵时所引起的滚转耦合响应传递函数为

$$\frac{\Delta p}{\Delta n_r} = b_{p1} n_{10} \left(1 - \frac{b_{p2}}{b_{p1}} \times \frac{k_f x_1 - k_d z_r}{k_f x_2 + k_d z_r}\right) \frac{1}{s} \tag{5-90}$$

同样，为了在航向操纵时得到有利的滚转耦合响应，则需要式(5-90) 满足

$$b_{p1}(k_f x_2 + k_d z_r) - b_{p2}(k_f x_1 - k_d z_r) > 0 \tag{5-91}$$

同样，对于式(5-91) 很难得到一个简单的条件判据，仅仅在 $z_r \approx 0$ 时，式(5-91) 在 $y_1/y_2 \geqslant x_1/x_2$ 条件下是恒成立的，显然这个条件也是与悬停状态时是一致的。所以为了在前飞时得到有利的耦合响应，除了在四旋翼飞行器进行旋翼布局总体设计时需满足相关的条件外，还需要对前飞时的条件进行检查。

若令

$$K_{pr} = b_{p1} n_{10} \left(1 - \frac{b_{p2}}{b_{p1}} \times \frac{k_f x_1 - k_d z_r}{k_f x_2 + k_d z_r}\right)$$

$$K_{rr} = b_{r1} n_{10} \left(1 - \frac{b_{r2}}{b_{r1}} \times \frac{k_f x_1 - k_d z_r}{k_f x_2 + k_d z_r}\right)$$

则式(5-89) 可以写为

$$\frac{\Delta \beta}{\Delta n_r} = \frac{(K_{pr} \sin\alpha_0 - K_{rr} \cos\alpha_0) s + \frac{g}{V_0}(K_{pr} + K_{rr} \tan\theta_0)}{s^2(s - a_\beta)} \tag{5-92}$$

若采用 Δn_a 滚转转速作为输入，则依据式(5-88) 得到在 Δn_a 作为输入下的 $\Delta \beta$ 传递函数为

$$\frac{\Delta \beta}{\Delta n_a} = \frac{1}{s - a_\beta}\left[\left(\sin\alpha_0 + \frac{g}{V_0} \times \frac{1}{s}\right)\frac{\Delta p}{\Delta n_a} + \left(-\cos\alpha_0 + \frac{g}{V_0}\tan\theta_0 \frac{1}{s}\right)\frac{\Delta r}{\Delta n_a}\right] \tag{5-93}$$

式中，传递函数 $\Delta p / \Delta n_a$ 和 $\Delta r / \Delta n_a$ 分别为式(5-83) 和式(5-85)。类似的，令

$$K_{pa} = b_{p1} n_{10} \left(1 + \frac{b_{p2}}{b_{p1}} \times \frac{k_f x_1 - k_d z_r}{k_f x_2 + k_d z_r}\right)$$

$$K_{ra} = b_{r1} n_{10} \left(1 + \frac{b_{r2}}{b_{r1}} \times \frac{k_f x_1 - k_d z_r}{k_f x_2 + k_d z_r}\right)$$

于是，式(5-93) 可以写为

$$\frac{\Delta \beta}{\Delta n_a} = \frac{(K_{pa} \sin\alpha_0 - K_{ra} \cos\alpha_0) s + \frac{g}{V_0}(K_{pa} + K_{ra} \tan\theta_0)}{s^2(s - a_\beta)} \tag{5-94}$$

至此，我们已经得到了四旋翼飞行器在悬停、垂直运动和前飞时的小扰动线性化方程以及传递函数。由于传递函数均为单输入、单输出系统，因此这对于系统特性的分析和数学仿真都是有利的，特别是可以使用成熟的控制理论工具进行

飞行控制系统的理论设计，并且物理概念清晰明了。显然这种研究方法和结果，对于更深入地理解四旋翼飞行器的动力学本质是有意义的。

5.6
运动稳定性和操纵性

在建立了四旋翼飞行器小扰动运动线性方程后，就可以用稳定性理论来研究其受扰后的运动稳定性问题了，所采用的研究方法为李雅普诺夫第一方法，即通过特征值来判断平衡点稳定性或者说当飞行器受扰后的运动稳定性。在李雅普诺夫稳定性理论中，所谓运动稳定性是指描述运动的变量将随时间的增长而收敛或有界；如果变量是发散的，那么运动就是不稳定的。李雅普诺夫认为，之所以产生这样的结果，与它的平衡状态属性有关：如果平衡状态是稳定或有界的，那么受扰运动必然是收敛或有界的；而如果平衡状态是不稳定的，那么受扰运动就会发散。需要指出的是，控制理论中常用的劳斯判据、霍尔未茨判据均是特征根判据，与李雅普诺夫第一方法是一致的。

特别需要指出的是，本节所研究的内容是四旋翼飞行器的自然特性，即在飞行中没有飞行控制系统参与情况下的运动稳定性，或称自然四旋翼飞行器的运动稳定性问题。

以下将对悬停、垂直运动和前飞三种飞行状态进行稳定性分析和研究。

5.6.1　一些共性问题的讨论

对于三种飞行状态下存在的一些共同性质的问题，主要体现在刚体转动的力矩运动中或者说是对姿态运动的操纵中。

从悬停时姿态角速度传递函数式(5-16)、式(5-27) 和式(5-32) 以及前飞时姿态角速度传递函数式(5-72)、式(5-80) 和式(5-83) 中可以看出，若操纵指令给定的是旋翼转速，那么四旋翼飞行器姿态角速度的响应将是按时间积分的过程。因此，若给定的是脉冲型的转速指令，那么当转速指令回到零后，角速度将保持不变，然而角度将继续随着时间增长，这个时候需要操纵者给出极性相反的脉冲转速指令，使角速度向减小的方向变化，直至到零，从而才能使角度保持不变。显然，这种操纵方式是不容易掌握的。

根据对其运动稳定性的分析，由于姿态角速度关于旋翼转速的传递函数是个积分环节，因此传递函数存在唯一的极点：$s=0$。对于这样的极点，则表明其平衡状态是中立稳定的[17]，其姿态角速度的瞬态响应是不会衰减的，而其瞬态响应运动是否收敛或发散只与外部输入的类型有关。例如，若是脉冲型转速输入则存在稳态输出且是个常值，因此转动角速度运动是稳定的，然而姿态角则是按积分规律随时间增长的，所以即使姿态角速度能稳定并具有稳态值，但姿态角却是随时间增长的无界响应（具有两个相同的 $s=0$ 极点）而无法收敛，因而是不稳定的[17]；若是阶跃型输入则其输出将随时间增长并发散，显然其角速度输出响应不存在稳态，所以转动运动将是不稳定的。

因此，对具有这种姿态角速度响应的自然四旋翼飞行器来说，要操纵它是非常困难的，需要有一定的操纵技巧和经验才能对其实行有效的飞行控制。

对于飞行器的操纵来说，人类的操纵经验始于固定翼飞机，因此对固定翼飞机姿态运动的操纵方法和理论具有深刻的认识，并形成了丰富的经验知识。在传统的固定翼飞机设计中，姿态运动一般都是稳定的（即极点均位于左边 S 平面），而且都能较好地跟踪输入指令的特性。以俯仰姿态操纵为例说明如下。若进行如下方式的操纵：将处于中立位置的驾驶杆，向后拉到某一位置并保持，然后再前推至中立位置输入，这样的操纵实际就是使升降舵进行一个具有一定宽度的脉冲型动作指令，其后飞机将跟踪这个指令并出现抬头俯仰角速度，并将稳定在某一个数值上，俯仰角按积分规律也开始增加；当驾驶杆回到中立位置后（此时升降舵回到出发位置），即指令回到零后，角速度也将回到零，而此时俯仰角将稳定在某一数值（由脉宽时间决定）上并保持不变。如果要减小俯仰角，那么进行相反的操纵即可。尽管是非无差系统，但这种输出响应特性与指令特性是一致，并跟随指令而变化。图 5-8 比较了四旋翼飞行器和固定翼飞机的俯仰角速度对脉冲型指令输入的响应特性。

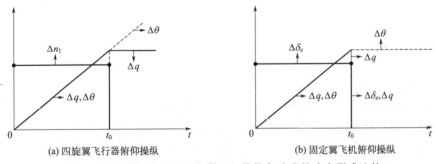

图 5-8　四旋翼飞行器和固定翼飞机俯仰角速度的响应形式比较

图 5-8 说明了两种飞行器俯仰角速度对相同操纵输入的不同响应形式。很显然，固定翼飞机俯仰角和角速度对输入的响应符合人的操纵习惯，即操纵指令消失后，飞行器应达到操纵者所希望的状态并保持不变，以实现操纵目的。

四旋翼飞行器之所以具有上述特性，其原因是在转动的过程中没有产生足够大的阻尼，也就是没有产生阻止其转动的力矩，或者说这个力矩非常小，不足以改变转动的性质。在自然飞行器中，转动运动阻尼主要来源于两个方面，一是气动部件本身大气压力分布不均匀，而引起的阻尼力矩；二是转动速度和来流速度共同作用导致气动力的改变而形成的阻尼力矩。对于直升机来说，是由转动引起旋翼的挥舞，从而产生转动阻尼力矩。

这两类产生转动阻尼的因素，对于四旋翼飞行器来说几乎不存在。由于采用的是定距螺旋桨作为旋翼，而螺旋桨的桨叶是不需要进行挥舞运动的（桨盘载荷低，因此翼根应力较小），故而在桨根部并没有必要按挠性铰链的要求进行设计，而仅进行了按强度要求的加强，例如增加了翼根处桨叶的厚度等。所以在转动过程中，无法通过螺旋桨挥舞来获得转动阻尼，即使在前飞过程中，由于速度较小，在转动过程中螺旋桨的挥舞也不足以稳定桨盘平面来形成转动阻尼，因此很难产生足够的阻尼力矩来改变转动的运动性质。

因此，为了更容易地操纵四旋翼飞行器，就需要增加人工阻尼来改变刚体转动的运动性质。所谓人工阻尼是通过飞行控制系统来获得的[18]，实际上"人工阻尼"这个名词是为了区别具有飞行控制系统的飞行器和自然飞行器的阻尼来源。

5.6.2　悬停稳定性和操纵性

由于悬停时，姿态角速度对于转速输入的响应均是按时间的积分过程，见式(5-16)、式(5-27) 和式(5-32)，因此，只要有输入，那么姿态角速度将持续地增长，其增长的速度分别由其传递函数的增益所决定的。

而悬停时的机体 Δu 和 Δv 位移速度则与俯仰角和滚转角有关，参见式(5-18) 和式(5-37)。只要俯仰角和滚转角不为零就将发生偏离悬停点的移动，除非出现与此相反极性的俯仰角和滚转角，这种移动才会停止并恢复悬停状态。

如果旋翼转速是脉冲输入，那么 Δu 和 Δv 位移速度与时间的平方成正比；若是阶跃输入，那么 Δu 和 Δv 位移速度与时间的三次方成正比。

因此，悬停时，只要俯仰角或滚转角有小量的变化，随着时间的增长便可产生较大的位移速度，或者说，位移速度对旋翼转速非常敏感，其原因也是没有阻尼。这是由于悬停时速度几乎为零，因此大气对机体形成的阻力可以忽略不计，从而就不能对移动产生阻尼，于是位移速度只能按输入的角度随时间积分而增长；即使当俯仰角或滚转角为零后，悬停点的位置也将发生改变，并不能再回到原来的悬停位置，因此这也是悬停时需要有定点悬停功能的原因之一。

Δw 运动则同样如此，小角度假设下，尽管与姿态角无关，但当旋翼转速发生变化时它就会产生变化，同样也是按时间的积分增长。

所以对悬停状态的四旋翼飞行器来说，在一次操纵时所给出的操纵指令至少应包括两个：一个是按修正要求做出的脉冲型指令，另一个是与上一个极性相反的终止修正的脉冲型指令。

5.6.3　垂直运动稳定性和操纵性

垂直运动的姿态运动和 Δu 及 Δv 运动与悬停是相同的，以下仅讨论与悬停不同的 Δw 运动。由于在以较大速度 w_0 进行垂直运动时，大气将对机体形成气动阻力，从而对 Δw 运动产生根本性的影响，因此为了分析方便，重写式(5-47)如下：

$$\frac{\Delta w}{\Delta n_1} = -\frac{4k_f n_{10}}{m} \times \frac{x_1 + x_2}{x_2} \times \frac{1}{s + \rho f_b w_0 / m} \tag{5-95}$$

式中，垂直上升时，$w_0 < 0$；垂直下降时，$w_0 > 0$。因而垂直速度对旋翼转速的传递函数为一阶环节，其垂直上升时的极点为

$$s = -\frac{\rho f_b w_0}{m} > 0 \tag{5-96}$$

即有一个不稳定的正极点，它落在了右半 S 平面上，这表明垂直上升运动是不稳定的。这说明，采用提高全体旋翼的转速以增加升力而产生的垂直上升响应是不稳定的，而通过减小旋翼转速以降低升力而进行的垂直下降运动则是稳定。这种特性给垂直上升运动的操纵带来了困难，如果垂直上升操纵指令是阶跃型的垂直上升速度，那么四旋翼飞行器的上升速度响应将会发散而不收敛，其倍增时间 t_2 为

$$t_2 = \left| \frac{0.693m}{\rho f_b w_0} \right| \tag{5-97}$$

式中，t_2 的单位为秒。若为垂直下降，上述公式也为倍减时间 $t_{1/2}$ 计算公式，其时间常数 τ 为

$$\tau = \frac{m}{\rho f_b w_0} \tag{5-98}$$

因此，用倍减时间或时间常数均能描述稳定一阶系统的响应速度，显然这两个数值越小则表明响应速度越快。

如果在垂直下降速度 w_0 确定的条件下，机身阻力 f_b 对 $t_{1/2}$ 和 τ 有着重要的影响，那么机身阻力 f_b 越大，$t_{1/2}$ 和 τ 越小，响应速度就越快。

由于四旋翼飞行器旋翼下方不设计机体，因此旋翼下洗流对机身冲击所形成的阻力[14,15] 是不存在的，因此垂直运动时的阻力主要是机体相对于大气运动而产生的。由于垂直运动速度 w_0 较小（最大 5～6m/s），同时机体面积不大，因此机身阻力 f_b 很小。在这种情况下，极点 $s = -\rho f_b w_0 / m \approx 0$，即使对于直升机来说，这个根也是非常小的，大约是 $0.01 \sim 0.02$[15] 数量级别的。那么忽略掉该极点后，垂直速度对转速的传递函数将退化为积分环节，如下所示：

$$\frac{\Delta w}{\Delta n_1} = -\frac{4k_f n_{10}}{m} \times \frac{x_1 + x_2}{x_2} \times \frac{1}{s} \tag{5-99}$$

显然式(5-99) 与姿态操纵动力学特性是相似的。

5.6.4 前飞稳定性和操纵性

关于姿态角速度和姿态角对旋翼转速输入的响应与 5.6.1 节中讨论的性质是基本一致的，只是在前飞时旋翼阻力所导致的俯仰抬头力矩，对姿态运动的输入或操纵量的大小产生了影响作用。

（1）在进行俯仰抬头操纵时

与悬停状态相比，在获得相同的俯仰角加速度条件下，前飞时旋翼转速增量 Δn_{1f} 为

$$\Delta n_{1f} = \frac{k_f x_1}{k_f x_1 - k_d z_r} \times \frac{n_{10h}}{n_{10f}} \Delta n_{1h} \tag{5-100}$$

式中，Δn_{1h} 为悬停时为达到相同俯仰角加速度时所需旋翼转速增量；n_{10h} 和 n_{10f} 是悬停和前飞时的平衡（配平）转速。一般情况下，$\Delta n_{1f} < \Delta n_{1h}$，这主要是由旋翼阻力的贡献所致，因为该阻力形成了抬头力矩，从而有利于俯仰抬头的转动。然而在进行低头操纵时，为获得相同的俯仰加速度，前飞和悬停的旋翼转速增量的关系为

$$\Delta n_{3f} = \sqrt{\frac{k_f x_1}{k_f x_1 - k_d z_r} \times \frac{k_f x_2}{k_f x_2 + k_d z_r}} \times \frac{n_{10h}}{n_{10f}} \Delta n_{3h} \tag{5-101}$$

在小角度前飞俯仰角下应有 $\Delta n_{3f} > \Delta n_{3h}$，同样也是由于前飞时旋翼阻力始终形成一个抬头力矩，因此在进行俯仰低头操纵时，需要更大的低头操纵力矩来克服它，而这一切都需要付出增加旋翼转速的代价。

但从操纵特性上来说，俯仰角和其角速度的操纵性质并没有改变，基本结论与 5.6.1 节中的讨论结果是类似的。

（2）迎角和前飞速度

迎角也是伴随俯仰转动而产生的，同时由于前飞时必须带有平衡俯仰角才能向前飞行，于是只要前飞就会有迎角的存在。

在迎角对旋翼转速的传递函数式(5-75) 中，极点为 $s_{1,2} = 0$，$s_3 = a_\alpha + (g/V_0)\sin\gamma_0$，且 $a_\alpha < 0$ 及 $|a_\alpha| > (g/V_0)\sin\gamma_0$，因此 $s_3 < 0$ 是个稳定的实根。相较于极点 $s_{1,2}$，s_3 是快速衰减的模态，因此该传递函数的动态特性基本上与俯仰角传递函数是类似的，即输入的两次积分。

在前飞速度对旋翼转速的传递函数式(5-77) 中，极点为 $s_{1,2} = 0$，$s_3 = -\rho V_0 f_{b0}/m$，同样 $s_3 < 0$ 是个稳定的实根，s_3 也是快速衰减的模态，故而该传递函数的动态特性也是与俯仰角传递函数类似的，即输入的两次积分。其原因也是显而易见的，因为前飞速度的获得完全依赖于负的低头俯仰角。

（3）滚转和偏航转动

一方面受到了在横侧向姿态操纵时不发生俯仰转动的限制，而使得旋翼阻力项出现在横侧向姿态运动的传递函数中；另一方面，由于前飞是带有平衡俯仰角向前飞行的，因此该平衡俯仰角将影响滚转运动，如式（5-84）所示。而从横侧向姿态的操纵特性上来说，其滚转角速度和偏航角速度对转速输入的响应也符合5.6.1 节中的结论，由于该响应仍以积分环节描述，见式（5-80）和式（5-83），因此其响应是否收敛或稳定仍与输入有关。

而在横侧向姿态发生变化后，也将引起侧滑角的改变，见式（5-92）和式（5-94）。侧滑角传递函数的极点共三个，即 $s_{1,2}=0$，$s_3=a_\beta$，由于 $a_\beta>0$，因此 s_3 是一个不稳定的极点。这个不稳定的极点将会导致在前飞时侧滑角响应发散而不收敛，因此需要不断地通过操纵来调整横侧向姿态角，以保证侧滑角不至于发散太快而失控。然而，由于 a_β 的数值比较大，因此倍幅时间较小，所以需要快速地给出操纵指令来修正不稳定的横侧向运动，再加上姿态角速度的积分型操纵方式，使得对横侧向运动的操纵比对纵向运动的操纵要更困难一些。

第6章
姿态角控制

6.1
一般性问题讨论

在第 5 章中已经讨论了四旋翼飞行器的姿态运动的操纵和稳定性问题。由于转速输入与姿态角速度之间呈现积分关系,因此操纵这种特性的飞行器是困难的。本章将主要讨论在飞行控制系统作用下,我们需要怎样的四旋翼飞行器姿态运动响应模型,在这样的需求下如何构建姿态控制系统,以及如何确定控制系统的参数等一般性问题。

6.1.1 姿态角速度动力学响应模型

在第 1 章中已经指出,对于固定翼飞机姿态运动的操纵和稳定问题,人类已经掌握了丰富的知识和经验。事实上,就直升机来说,也希望具有这样的特性。因此,对于四旋翼飞行器来说,通过飞行控制系统的作用,使得四旋翼飞行器从操纵者的角度来看也具有类似固定翼飞机的姿态运动特性,这无疑将使得操纵四旋翼飞行器变得没有那么复杂和困难。

那么怎样的固定翼飞机姿态运动可用来作为四旋翼飞行器姿态运动的设计目标呢?具体来说,就是固定翼飞机的纵向运动的短周期运动和横侧向运动的荷兰滚及滚转运动。也就是通过飞行控制系统的作用,使得四旋翼飞行器纵向运动中的俯仰姿态运动具有类似短周期运动的特性;而横侧向运动中的航向和侧滑角运动类似荷兰滚运动的特性,滚转运动则为按指数收敛的特性[16]。

(1)四旋翼飞行器纵向俯仰姿态响应模型

固定翼飞机的纵向短周期运动代表了俯仰姿态运动,其运动的数学模型为以下形式的传递函数[16]:

$$\frac{\Delta q}{\Delta \delta_e} = \frac{K_q(s+\tau_q)}{s^2+2\xi_s\omega_s s+\omega_s^2} \tag{6-1}$$

式中，$\Delta \delta_e$ 是升降舵偏转角。$\Delta \delta_e$ 的产生是驾驶员根据他所观察到的飞机 Δq 运动趋势，并由他的操纵目标形成对 Δq 运动的操纵指令 Δq_c（低头或抬头方向及快慢指令）后[18]，做出对驾驶杆的前推或后拉动作得到了相应的 $\Delta \delta_e$。因此，$\Delta \delta_e$ 实际上也代表了驾驶员主观产生的俯仰角速度指令 Δq_c，而 $\Delta \delta_e$ 仅仅是一个可以被观察到的中间变量。

而在四旋翼飞行器中操纵也是类似的，操纵者也是给出俯仰角速度指令 Δq_c，只是中间变量变成了旋翼转速。

对于式(6-1)来说，其动态特性主要是由其极点决定的。对于固定翼飞机来说，一般情况下其极点是由两个具有负实部的共轭复数根组成，因此其输出响应表现为快速的振荡收敛。

式(6-1)中的零点必须是负的，且这个零点只可能增加了在阶跃输入时其相应的超调量，且零点绝对值越大那么对超调量影响就越小甚至可忽略[16,18]。

这样就可以确定在飞行控制系统作用下，四旋翼飞行器纵向运动中的俯仰角速度响应模型：

$$\frac{\Delta q}{\Delta q_c} = \frac{K_q(s+\tau_q)}{s^2+2\xi_s\omega_{ns} s+\omega_{ns}^2} \tag{6-2}$$

式中，Δq_c 是操纵者给出的关于飞行控制系统的输入指令。式(6-2)也是俯仰角速度控制系统的主要设计目标，也就是将自然四旋翼飞行器俯仰角速度的积分响应特性改变为快速振荡收敛的二阶传递函数响应特性。

根据有人驾驶飞机飞行品质的要求[16]，式(6-2)中 $0.5 \leqslant \xi_s \leqslant 1$，$2.8 \leqslant \omega_{ns} \leqslant 3.3$。由于这仅仅是姿态角速度动力学响应的飞行品质要求，考虑到还需在这基础上设计姿态角控制回路，因此根据经验[16]，为了使得最后设计结果的阻尼比具有选择余地，可适当地将设计性能指标中的阻尼比取大一些。所以将性能指标选择为 $\xi_s = 0.8$，$\omega_{ns} = 3\text{rad/s}$，以作为俯仰角速度控制系统中控制律参数的选择或设计依据（实际上即使将阻尼比选择为 $\xi_s \geqslant 1$，也有品质良好的响应特性）。此时，式(6-2)的特征方程为 $s^2+4.8s+9=0$，极点为 $s_{1,2} = -2.4 \pm 1.8\text{j}$。在上述特征根下，单位阶跃响应速度是非常快的，进入1%误差带的调节时间约1.9s，上升时间约0.6s。

如果不需要这么快的响应速度，那么可以选择性能指标为 $\xi_s = 0.8$，$\omega_{ns} = 1.5\text{rad/s}$，于是特征方程为 $s^2+2.4s+2.25=0$，极点为 $s_{1,2} = -1.2 \pm 0.9\text{j}$，其单位阶跃响应进入1%误差带的调节时间约3.8s，上升时间约1.2s。一般来说，在地面遥控时，操纵手对上升时间更为敏感和关注。

以上两个响应指标对于要求有快速响应的俯仰角和滚转角来说是适用的，特别是由于姿态角控制系统是内回路，其速度控制和横侧向轨迹控制都是基于这个内回路构建的。因此，姿态控制内回路必须有足够的带宽以得到快速响应的能力，才能使得其外回路能快速响应，同时也将给外回路的设计带来便利。但对于要求响应速度较慢的航向角来说，这两个指标将导致航向角控制具有很大的增益，这显然对工程实现来说是不利，因此需要选择响应较慢的性能指标。就附录的例子来说，选择如下的航向角控制性能参数是合适的，即 $\xi_s \approx 0.8$，$\omega_{ns} \approx 0.7 \text{rad/s}$。于是特征方程为 $s^2 + 1.12s + 0.49 = 0$，极点为 $s_{1,2} \approx -0.56 \pm 0.42j$，其单位阶跃响应进入 1% 误差带的调节时间约 8.2s，上升时间约 2.6s。当然选择何种响应性能指标需要考虑到飞行器模型参数等具体情况，而不是固定不变的，可根据实际需要并通过数学仿真来确定响应性能指标。

（2）四旋翼飞行器横侧向姿态响应模型

横侧向运动中的荷兰滚运动响应模型形式与式（6-1）是类似的。固定翼飞机的荷兰滚运动主要是在方向舵输入下，偏航和侧滑角运动的响应，它表示了在滚转角为零条件下平面转弯的运动特性，适合用于描述四旋翼飞行器常用的平面转弯运动。因此，其响应模型可设为

$$\frac{\Delta r}{\Delta r_c} = \frac{K_r(s + \tau_r)}{s^2 + 2\xi_D\omega_{nD}s + \omega_{nD}^2} \tag{6-3}$$

式中，Δr_c 是操纵者给出的关于飞行控制系统的输入指令。式（6-3）可以作为四旋翼飞行器在飞行控制系统作用下的偏航或航向角速度响应的数学模型。

由于四旋翼飞行器在悬停、垂直运动和前飞时，偏航姿态运动的响应仍然是积分性质，以及考虑到操纵特性的一致性，因此在一般情况下式（6-3）中参数的选择可以参考式（6-2）纵向俯仰角速度响应模型所采用的参数，除非设计者另有考虑。

在前面已经指出固定翼飞机的滚转响应模型是一阶惯性环节，是按指数收敛的。但为了使得滚转角速度回路能够通过选择阻尼比和频率来获得所设定的响应，因此也将滚转角速度响应模型设定为二阶传递函数模型，即

$$\frac{\Delta p}{\Delta p_c} = \frac{K_p(s + \tau_p)}{s^2 + 2\xi_p\omega_{np}s + \omega_{np}^2} \tag{6-4}$$

式中，Δp_c 是操纵者给出的关于飞行控制系统的输入指令。式（6-4）可以作为四旋翼飞行器在飞行控制系统作用下滚转角度响应的数学模型。

类似的，可以采用式（6-2）中的参数选择依据作为式（6-4）中参数选择的参考。

以上讨论了具有飞行控制系统作用下的四旋翼飞行器姿态动力学模型，或者说是飞行控制系统的设计目标模型。与原来的自然四旋翼飞行器动力学模型相比，其数学模型的结构和性质都发生了变化，因此该模型代表的是一个新的动力学系统，即"自然四旋翼飞行器＋飞行控制系统"新动力学系统。由此，飞行控

制系统的作用是为了改造自然飞行器的动力学特性，如果没有飞行控制系统或者飞行控制系统在四旋翼飞行器飞行过程中失效，那么就不可能得到这样一个新的姿态响应特性。所以对于多旋翼飞行器来说，飞行控制系统不是可有可无的，而是必要的，除非操纵者愿意付出因操纵困难而导致的代价。

6.1.2 姿态角速度控制系统的控制律结构

本节主要讨论姿态角速度控制系统的数学模型问题。需要讨论三个问题：①组成系统的各个环节的数学模型；②各个环节之间所传递的信息关系；③采用什么样的反馈回路，以达到目标。

根据第 5 章中所给出的结果，在悬停、垂直运动和前飞中，姿态角速度和转速输入之间均为积分关系，这是四旋翼飞行器的自然特性。因此，如何构造一个飞行控制系统的控制律，使得新的动力学特性满足式(6-2)、式(6-3) 和式(6-4)的目标要求，是本节需要讨论的内容。由于自然四旋翼飞行器在不同飞行状态下，姿态角速度和输入之间的积分增益是不同的，因此为一般性讨论起见，将自然四旋翼飞行器的姿态角速度和转速输入之间的传递函数统一写为如下的形式：

$$\frac{\Delta\Omega}{\Delta n} = \frac{K}{s} \tag{6-5}$$

式中，$\Delta\Omega$ 是姿态角速度；Δn 是旋翼或电机转速。

问题的描述，就是对被控对象［式(6-5)］设计一个控制律（或控制器），使得系统的动力学响应的数学模型为式(6-2)、式(6-3) 和式(6-4)，以下仅用式(6-2) 来代替说明。

由于旋翼是由电机直接驱动的，在没有飞行控制系统时，操纵者对姿态角速度的操纵指令，通过遥控接收机输送给电子速度调节器（电调），电调将此指令信息转换为电机的转速指令，从而驱动电机和旋翼按指令转速旋转。而当四旋翼飞行器具有飞行控制系统后，飞行控制系统接收来自遥控接收机的指令，然后经过控制律解算后将控制指令输出给电调，由电调来控制电机/螺旋桨转速。

因此从信息传递的角度来看，飞行控制系统是作用于遥控接收机和电调之间的装置，在进行控制律设计时只需要考虑电子调速器（简称"电调"）和电机的数学模型。其系统信息传递关系如图 6-1 所示。

电调、电机/螺旋桨和四旋翼飞行器刚体运动的响应带宽是不同的，而如果只考虑系统的低频响应（即具有最小带宽的响应），那么它基本上就是四旋翼飞行器刚体运动的响应，从而将电调和电机/螺旋桨动态响应过程忽略掉。其原因在于电调和电机/螺旋桨的带宽要比四旋翼飞行器刚体运动带宽大 5 倍[16,26] 以上，那么在考虑低频响应时就可以忽略电调和电机/螺旋桨的动态响应过程，而将它们作为一个比例增益环节来处理。以下通过数据来说明以上内容。

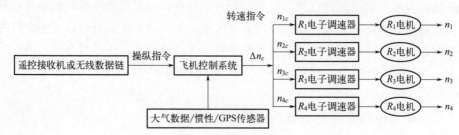

图 6-1　旋翼控制的信息传递关系方框图

在电调和电机/螺旋桨中，由于电机含有机械动作，所以电机的时间常数最大或响应速度最慢，因此只要考虑它的响应速度或带宽即可。

由文献［1］所提供的响应较慢的无刷电机的时间常数为 0.05s，那么如果将电机数学模型考虑为一阶惯性环节，则其上升时间约为 $t_r \approx 2.2 \times 0.05 = 0.11s$，带宽约为 20rad/s；而如果按式(6-2)中参数的选择，则"自然四旋翼飞行器＋飞行控制系统"的上升时间约为 $t_r \approx 1.8/3 = 0.6s$，带宽约为 3rad/s。

两者相比，具有飞行控制系统的四旋翼飞行器刚体运动带宽约为无刷电机带宽的 1/6.7，而后者的上升时间约为前者的 5.5 倍。所以比较而言，无论是从响应速度还是带宽来看，四旋翼飞行器的动力学响应的确是具有低频响应特征。也就是说，当四旋翼飞行器刚体运动出现初始响应时，电机的响应已经基本上结束并进入稳态。因此，在研究四旋翼飞行器刚体动力学响应时，可完全忽略电机的响应过程，而把它作为一个无时间延迟的比例（增益）环节数学模型来处理，同样电调也可以采用类似的方法建立数学模型，即将它们作为一个比例环节。

在一般情况下，为了简化飞行控制系统设计，常常利用上述方法将对象模型进行简化处理，以突出主要问题并解决之。而在飞行控制系统的数学和半物理仿真中，则要尽量考虑到系统在实际运行时的各个环节并建立数学模型，用接近真实的物理环境进行仿真，来考察飞行控制系统的实际运行能力。

因此，在进行姿态角速度控制系统设计时，仅仅采用式(6-5)的对象数学模型是有其合理性的，而其中 K 应该是电调、电机和四旋翼飞行器姿态运动传递函数增益的乘积，在这里为简单起见假定电调和电机的增益为"1"。

若通过设计姿态角速度控制律（或控制器）得到形如式(6-2)的传递函数，那么按照控制理论就需要采用两个反馈回路来实现。

其中，内回路作用是使得其被控对象［式(6-5)］通过反馈控制后成为合适增益的积分环节，显然这可以通过微分反馈控制来实现；而外回路的作用则是在上述一阶环节的基础上，先构造一个含有零点和积分环节的控制律，即比例积分控制，然后再通过单位负反馈就可以得到形如式(6-2)的传递函数。

在上述原则下，其姿态角速度控制系统方框图如图 6-2 所示。

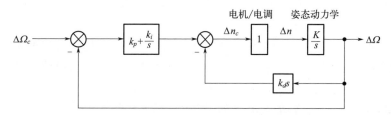

图 6-2　姿态角速度控制系统方框图

在图 6-2 中，k_p、k_i 和 k_d 分别为比例、积分和微分环节的增益，是需要根据性能指标要求进行设计的参数；$\Delta\Omega_c$ 为新的输入，即角速度指令。$\Delta\Omega_c$ 来自遥控接收机，从表面上看它是代表了操纵者的动作（遥控器的杆位移），但本质上这个动作则表示了操纵者的操纵愿望，即对角速度的控制信息或指令 $\Delta\Omega_c$[18]。Δn_c 则为姿态角速度控制器所输出的转速指令，它代表了 $\Delta\Omega_c$ 指令和 $\Delta\Omega$ 反馈信息经过控制律运算后所形成的对电机转速的控制量。

图 6-2 包括了比例、积分和微分环节，也是 PID 控制的形式。但从控制律的结构上来说，它与传统的 PID 控制还是有区别的，首先它由两个反馈回路组成，其次它所遵循的设计原则是为了构造一个类似式 (6-2) 的传递函数。

根据图 6-2，其控制律，即姿态角速度控制系统的输出为

$$\Delta n_c = \left(k_p + \frac{k_i}{s}\right)(\Delta\Omega_c - \Delta\Omega) - (k_d s)\Delta\Omega \tag{6-6}$$

由于假定了电机和电调的增益为 "1"，因此，$\Delta n = \Delta n_c$，从而图 6-2 所示的姿态控制系统的传递函数为

$$\frac{\Delta\Omega}{\Delta\Omega_c} = \frac{\dfrac{k_p K}{1 + k_d K}\left(s + \dfrac{k_i}{k_p}\right)}{s^2 + \dfrac{k_p K}{1 + k_d K}s + \dfrac{k_i K}{1 + k_d K}} \tag{6-7}$$

式中，阻尼比和无阻尼频率分别为 $\xi = \dfrac{k_p}{2}\sqrt{\dfrac{K}{k_i\,(1 + k_d K)}}$，$\omega_n = \sqrt{\dfrac{k_i K}{1 + k_d K}}$。

显然，微分增益 k_d 的增加反而使得阻尼比下降，而增加 k_p 则能增加阻尼比；无阻尼频率则与 k_i 成正比且与 k_p 无关。

这也就给 k_p、k_i 和 k_d 的选择提供了基本的指引，即先按无阻尼自然频率的要求确定 k_i 和 k_d，然后再根据阻尼比确定 k_p。

同时式 (6-7) 的静增益[16]为 "1"，表明无论是脉冲输入还是阶跃输入下，输出是无稳态误差的。

式(6-7) 也表明，通过姿态角速度控制系统，能够完全改变自然四旋翼飞行器姿态角速度动力学特性［如式(6-5) 所示］。该方法将原来的积分环节改变为阶跃响应无稳态误差的二阶系统，使四旋翼飞行器动力学特性类似于固定翼飞机纵向短周期运动特性，以更符合人类对飞行器的操纵习惯，从而使得对四旋翼飞行器的操纵变得没有那么困难和复杂了。

在式(6-7) 中，若满足 $k_d K \gg 1$，即

$$k_d \gg \frac{1}{K} \tag{6-8}$$

则式(6-7) 可近似为

$$\frac{\Delta\Omega}{\Delta\Omega_c} = \frac{\dfrac{k_p}{k_d}\left(s+\dfrac{k_i}{k_p}\right)}{s^2+\dfrac{k_p}{k_d}s+\dfrac{k_i}{k_d}} \tag{6-9}$$

式(6-9) 表明，如果在满足 $k_d K \gg 1$ 的条件下，那么姿态运动的响应与四旋翼飞行器刚体运动、电机/螺旋桨和电调的参数无关，而仅仅与控制律本身的参数有关。也就是说，按图 6-2 所构造的姿态控制系统和参数可以适用于任何大小和重量不同的四旋翼飞行器，并且它们具有同样的动态响应特性。

而从控制的角度来说，式(6-9) 的结果表明，如果式(6-8) 的条件得到满足，则图 6-2 或式(6-6) 表示的控制律是具有参数鲁棒性的，即它们的响应性质是不随被控对象参数的变化而变化的。

因此，通过图 6-2 所示的姿态角速度控制系统，就将自然四旋翼飞行器呈积分关系的姿态动力学模型改变为所希望的动力学模型［如式(6-2)所示］。需要指出，这是在飞行控制系统参与工作的情况下得到的，或者说是通过飞行控制系统才改变了自然四旋翼飞行器的动力学响应特性。所以，对于具有"到手即飞"属性的四旋翼飞行器来说，飞行控制系统是必需的。

6.1.3 确定姿态角速度控制律初始参数的方法

确定控制律参数与设计的响应目标有关。若将俯仰角速度响应模型参数也作为偏航或滚转角速度响应模型参数的话，那么它们将有共同的特征方程，即

$$s^2+4.8s+9=0 \tag{6-10}$$

则由式(6-7) 得到

$$\begin{cases} \dfrac{k_p K}{1+k_d K}=4.8 \\[3mm] \dfrac{k_i K}{1+k_d K}=9 \end{cases} \tag{6-11}$$

从式(6-11) 中得到

$$\frac{k_i}{k_p} = 1.875 \tag{6-12}$$

于是式(6-7) 的姿态控制系统传递函数为

$$\frac{\Delta\Omega}{\Delta\Omega_c} = \frac{4.8(s+1.875)}{s^2 + 4.8s + 9} \tag{6-13}$$

式中，$\Delta\Omega_c$ 为单位阶跃输入时，其输出 $\Delta\Omega$ 的稳态值为"1"。因此，该姿态控制系统是无误差的系统，并且是渐近稳定的。

尽管得到了姿态角速度控制系统的响应模型，但控制律参数仍是未知的。在式(6-11) 中，仅 K 是已知的，因此从式(6-11) 中还是无法解出 k_p、k_i 和 k_d 三个未知量。

由式(6-8) 得到启发，可以使

$$k_d = \frac{c}{K} \tag{6-14}$$

上式中，若是为了保证能满足式(6-8)，则在一般情况下需使 $c \geqslant 10$。当然也可以依据其他的性能要求来确定 c 的数值，例如为避免微分运算引起的高频噪声，需要较小的 k_d 值，那么 c 的取值应该小一些。当 c 确定后，就可得到

$$\begin{cases} k_p = \dfrac{4.8(1+c)}{K} \\ k_i = \dfrac{9(1+c)}{K} \end{cases} \tag{6-15}$$

式(6-14) 和式(6-15) 可以作为姿态角速度控制系统控制律的初始设计值，然后通过根轨迹或频域分析和数学仿真来进行调整和迭代，直至得到满意的响应为止。

6.1.4 姿态角控制系统及控制律参数设计

在上述姿态角速度控制系统的基础上，就可以设计姿态角控制系统了。由于在小扰动假设下，姿态角速度 $\Delta\Omega$ 和姿态角 $\Delta\Theta$ 的关系为

$$\Delta\Theta = \frac{1}{s}\Delta\Omega \tag{6-16}$$

于是，仿照固定翼飞机的姿态控制系统，其姿态角控制系统如图 6-3 所示。

由于在前向通道中包含有积分环节，因此采用了单位负反馈的结构形式，以确保姿态角控制系统是无稳态误差系统。

图 6-3 所示的前向通道中，设计了姿态角控制增益 k_Θ，来调整其姿态角响应性能；并且输入为 $\Delta\Theta_c$，于是 $\Delta\Omega_c = k_\Theta(\Delta\Theta_c - \Delta\Theta)$，这就意味着此时操纵者发出的指令是关于期望姿态角的大小，也就是说，操纵者的操纵目标是直接改变

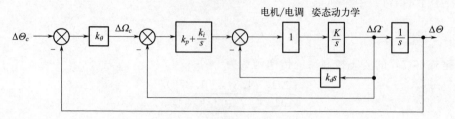

图 6-3　姿态角控制系统方框图

四旋翼飞行器的姿态角。需要指出的是，图 6-3 所示的姿态角控制方法在干扰力矩作用下，其姿态角是存在稳态误差的[16]，若要消除这个稳态误差则需要采用比例积分控制，即在图 6-3 中增加积分控制环节。

在装备了图 6-3 所示的姿态角控制系统后，四旋翼飞行器才真正地成为一架可以正常操纵的飞行器。由于输入的控制指令为姿态角，因此这种控制方式将更有利于基于地面的操纵者对四旋翼飞行器的操纵。这是因为姿态角的参考坐标系是地面坐标系，而操纵者也正好身处在地面坐标系中，并基于该坐标系来观察四旋翼飞行器的运动，所以操纵者观察所见与姿态角控制系统所为之间无须再进行转换了。也就是说，如果地面操纵者给出的操纵指令为姿态角，那么他所观察到的四旋翼飞行器姿态角将与他所发出的指令是完全一致的。因此，这种操纵方式对地面操纵者更为友好和适当，这既是飞行安全的保证，也是实现"到手即飞"能力的基础。在本书中，对姿态角的控制将作为主要的四旋翼飞行器操纵方式，因此姿态角控制系统也是飞行控制系统的内回路。

将 $\Delta\Omega_c = k_\Theta(\Delta\Theta_c - \Delta\Theta)$ 代入式（6-6）或由图 6-3 得到姿态角控制系统的姿态角控制律为

$$\Delta n_c = k_\Theta\left(k_p + \frac{k_i}{s}\right)(\Delta\Theta_c - \Delta\Theta) - \left(k_p + \frac{k_i}{s} + k_d s\right)\Delta\Omega \qquad (6\text{-}17)$$

图 6-3 所示系统的传递函数为

$$\frac{\Delta\Theta}{\Delta\Theta_c} = \frac{\dfrac{k_\Theta k_p K}{1 + k_d K}\left(s + \dfrac{k_i}{k_p}\right)}{s^3 + \dfrac{k_p K}{1 + k_d K}s^2 + \dfrac{(k_\Theta k_p + k_i)K}{1 + k_d K}s + \dfrac{k_\Theta k_i K}{1 + k_d K}} \qquad (6\text{-}18)$$

若满足式（6-8），则式（6-18）可近似为

$$\frac{\Delta\Theta}{\Delta\Theta_c} = \frac{\dfrac{k_\Theta k_p}{k_d}\left(s + \dfrac{k_i}{k_p}\right)}{s^3 + \dfrac{k_p}{k_d}s^2 + \left(\dfrac{k_\Theta k_p}{k_d} + \dfrac{k_i}{k_d}\right)s + \dfrac{k_\Theta k_i}{k_d}} \qquad (6\text{-}19)$$

类似的，式（6-19）表明了姿态角控制系统的响应与电调、电机以及自然四

旋翼飞行器刚体运动等的参数是无关的，而仅仅由姿态角控制系统的控制律参数所决定。

一般来说，姿态角控制系统的控制律参数 k_Θ 可以用根轨迹的方法来确定。由于闭环传递函数含有三个极点，因此 k_Θ 的选择仍要保证在复平面左半部分有一对共轭复根和一个实根，并且该实根极点应尽量与姿态角速度控制系统的零点接近。因此，可以采用根轨迹方法来确定初始的 k_Θ 数值[16]，通过数学仿真的结果来对该值进行调整，并反复这个过程，直至满足性能指标为止。

6.1.5　姿态角控制系统的工程实施问题

在进行工程实施时，姿态角控制系统的硬件主要是由嵌入式计算机或单片计算机等元器件组成，而计算机软件的主要作用则是对式(6-17) 控制律的运算。计算中所使用的反馈信息主要来自姿态/大气数据/GPS 等传感器；操纵指令信息则来自遥控接收机，而其所接收的信息是来自地面操纵者，并通过空地无线数据链进行传输。在控制律计算中以及将其计算结果即控制指令进行输出时，需要考虑以下三个主要问题。

(1) 反馈信息获取

用于运算的反馈信息可以来自传感器或是进行计算得到。但一般的原则是，应尽量采用由传感器所采集得到的反馈信息。其原因在于防止软件计算中所产生的噪声和误差对控制性能的影响，其次是简化运算，提高软件的实时性能力。

因此，基于上述原则，需要对式(6-6) 进行适当的变换。在当前所采用的姿态运动传感器中，主要采用的是基于 MEMS 器件的惯性传感器，它主要测量的是姿态角速度，并通过计算得到角加速度和角度，并将姿态角加速度、角速度和角度一并输出[28]，以供使用。因此，基于传感器这样的功能，就能对式(6-6)进行变换，以尽量采用传感器的输出信息。

具体来说，若传感器可以输出角加速度 $\Delta\Gamma$、角速度 $\Delta\Omega$ 和角度 $\Delta\Theta$，那么在小扰动运动假设下，它们之间的关系是 $\Delta\Gamma = s\Delta\Omega$，$\Delta\Omega = s\Delta\Theta$。$s$ 是拉普拉斯算子。于是利用上述关系就可以将式(6-6) 变换为

$$\Delta n_c = k_\Theta \left(k_p + \frac{k_i}{s} \right)(\Delta\Theta_c - \Delta\Theta) - (k_p \Delta\Omega + k_i \Delta\Theta + k_d \Delta\Gamma) \qquad (6\text{-}20)$$

对比式(6-17)，可以看出式(6-20) 的运算要简单了许多，主要是避免了对反馈量 $\Delta\Omega$ 进行微分和积分运算，这无疑提高了运算效率，而且还避免了由微分运算所形成的高频噪声对系统的危害。

当然，如果传感器无法给出姿态角加速度 $\Delta\Gamma$，那么就需要在姿态控制系统软件中按 $\Delta\Gamma = s\Delta\Omega$ 进行计算得到。但需要注意的是，在设计软件算法时，应尽量避免微分运算所产生的高频噪声。

（2）未建模环节对控制律的影响作用

对于四旋翼飞行器来说，由于旋翼驱动的环节比较少，因此所谓的未建模环节主要是指稳态增益的影响。

由于假设了电调和电机的增益为"1"，因此控制律［式（6-6）或式（6-15）］中的参数 k_p、k_i 和 k_d 都是在这个条件下得出的，这些参数也被称为传递系数或传动比。它们的单位分别为：k_p，（转或弧度/秒）/（弧度/秒或度/秒）；k_i，（转或弧度/秒）/弧度（或度）；k_d，（转或弧度/秒）/（弧度/秒² 或度/秒²）。

若假设电调和电机的增益不为"1"，且还存在其他未建模环节的稳态增益，并假设它们增益的乘积为 k_m，那么在实际工程中，软件计算的控制律应为

$$\Delta n_c = \frac{1}{k_m}\left[k_\Theta\left(k_p+\frac{k_i}{s}\right)(\Delta\Theta_c-\Delta\Theta)-(k_p\Delta\Omega+k_i\Delta\Theta+k_d\Delta\Gamma)\right] \quad (6\text{-}21)$$

式（6-21）表明，控制律运算中的传动比是可以根据未建模环节增益而改变的，但原则是必须使前向通道中所设计的传动比 k_p、k_i、k_d 以及 k_Θ 的数值保持不变。

而反馈回路有未建模环节的稳态增益时，可采用类似的方法进行处理，以保证反馈回路的增益与所设计的控制律（图6-3）一致。

（3）控制指令分配

所谓控制指令分配，即将控制律运算后的转速控制指令 Δn_c，根据控制要求或 Δn_c 极性分配给不同的电调/电机，以控制这些电机的转速和旋翼升力，达到控制姿态运动的目的。这是多旋翼飞行器的重要特点，它不像固定翼飞机那样具有唯一的舵面作动舵机，并且舵机以不同的转向驱动舵面后，就可形成方向相异的力矩作用；而四旋翼飞行器则需要根据控制指令 Δn_c 的极性，将其分配给不同的电调/电机才能得到与指令极性相符的力矩作用。

根据第5章中结果，控制律环节的输出 Δn_c 与四旋翼飞行器运动模型的等效输入转速（Δn_e、Δn_a 和 Δn_r）是相等的（见图6-3），因此需要根据 Δn_c 的极性，将 Δn_c 分配给不同的电调/电机。于是根据表2-4操纵方法的定义和第5章中关于等效输入的定义，对悬停状态时姿态控制系统中的控制分配分析如下。

对于俯仰姿态运动，其传递函数模型［式（5-14）］中，Δn_e 实际上代表了四个电机转速的共同作用，而 Δn_e 的正负极性则表明了有两组不同的电机转速作用于四旋翼飞行器刚体，以形成俯仰抬头和低头的动力学响应。即当 $\Delta n_e>0$ 时，则增加 R_1、R_2 的电机转速 $\Delta n_1=\Delta n_2$，来控制四旋翼飞行器抬头（$\Delta\theta>0$）；而当 $\Delta n_e<0$ 时，则增加 R_3、R_4 的电机转速 $\Delta n_3=\Delta n_4$，来控制四旋翼飞行器低头（$\Delta\theta<0$）。由于假定电调/电机的传递函数为"1"，由图6-3得到 $\Delta n_c=\Delta n_e$，故而可根据上述分析和 Δn_e 的定义［式（5-15）］，得到各个电机的转速控制指令或输入到各个电调的控制指令分别为

$$\begin{cases} \Delta n_{1c} = \Delta n_{2c} = |\Delta n_c|, & \Delta n_c > 0 \\ \Delta n_{3c} = \Delta n_{4c} = \sqrt{\dfrac{x_1}{x_2}} |\Delta n_c|, & \Delta n_c < 0 \end{cases} \tag{6-22}$$

而滚转和偏航姿态运动的控制分配的分析方法与上述俯仰角控制分配的分析是类似的，其结果如下。

滚转姿态运动的控制分配为

$$\begin{cases} \Delta n_{1c} = |\Delta n_c|, \Delta n_{3c} = \sqrt{\dfrac{x_1}{x_2}} |\Delta n_c|, & \Delta n_c > 0 \\ \Delta n_{2c} = |\Delta n_c|, \Delta n_{4c} = \sqrt{\dfrac{x_1}{x_2}} |\Delta n_c|, & \Delta n_c < 0 \end{cases} \tag{6-23}$$

偏航姿态运动的控制分配为

$$\begin{cases} \Delta n_{1c} = |\Delta n_c|, \Delta n_{4c} = \sqrt{\dfrac{x_1}{x_2}} |\Delta n_c|, & \Delta n_c > 0 \\ \Delta n_{2c} = |\Delta n_c|, \Delta n_{3c} = \sqrt{\dfrac{x_1}{x_2}} |\Delta n_c|, & \Delta n_c < 0 \end{cases} \tag{6-24}$$

只有在采用上述控制分配原理的条件下，才能在分别控制两组不同旋翼电机转速的设计下，使得俯仰抬头（右滚或右偏航）和俯仰低头（左滚或左偏航）的控制过程中飞行器响应特性是完全一致的，即符合式(6-7)或式(6-18)。这也是在建立姿态角传递函数模型时，重新定义了新输入的原因。垂直运动和前飞时的控制分配方法与此是类似的。

6.2
俯仰角控制系统

由于在 6.1 节中已经阐述了姿态角控制系统的设计原则和方法，因此本节将给出俯仰角控制系统的有关设计概要，而对实际系统的理论设计的例子将在第 8、9 章中详细阐述。

6.2.1 俯仰角控制系统和控制律

在悬停、垂直飞行时俯仰动力学响应模型是相同的，如式(5-16)和式(5-17)所示；而在前飞时，则如式(5-72)和式(5-73)所示。比较可知，两种模型中仅是增益不同而已，而如果其内回路俯仰角速度的响应满足式(6-13)，那么俯仰角控制系统的响应就与该增益无关了。因此以下的俯仰角控制系统，是以悬停时俯仰动力学响应模型作为示意例子得到的，并由图 6-3 可以很方便地转换为具体的俯仰角控制系统方框图，如图 6-4 所示。

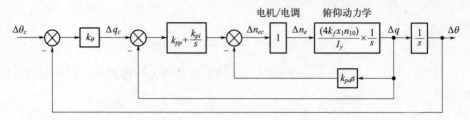

图 6-4　俯仰角控制系统方框图

图 6-4 中的控制律为

$$\Delta n_{ec} = k_\theta \left(k_{pp} + \frac{k_{pi}}{s} \right) (\Delta \theta_c - \Delta \theta) - (k_{pp} \Delta q + k_{pi} \Delta \theta + k_{pd} \Delta \dot{q}) \quad (6\text{-}25)$$

式中，$\Delta \dot{q}$ 为俯仰角角速度。在图 6-4 中，若使内回路，即俯仰角角速度控制系统的响应满足式(6-13)，那么可以通过根轨迹来确定 k_θ。

图 6-4 中的开环传递函数为

$$G_{ol} = k_\theta \frac{4.8(s+1.875)}{s^2 + 4.8s + 9} \times \frac{1}{s} \quad (6\text{-}26)$$

由式(6-26) 根据 G_{ol} 就可以得到 k_θ 变化时，图 6-4 所示闭环系统特征根或极点的根轨迹如图 6-5 所示。

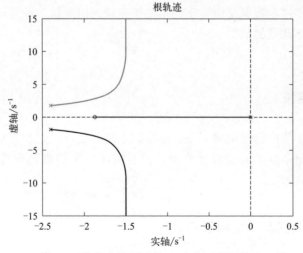

图 6-5　俯仰角控制系统 k_θ 变化时的根轨迹

根据 6.1 节所确定的设计原则，选择 k_θ 以使得闭环极点适当接近开环零点 $s = -1.875$，而如果上述零点和极点完全相等并对消，那么从图 6-5 的根轨迹中就可以看出，其动态响应完全由一对小阻尼比的共轭复根所决定，显然这将带来过大超调量的响应，这也是不利的。因此，k_θ 需要根据情况折中确定。对于

图 6-4 而言，当 $k_\theta = 2\sim 3$ 时具有较好的响应特性。

6.2.2 俯仰角控制系统对阶跃输入的响应特性

若俯仰角控制指令 $\Delta\theta_c$ 为单位阶跃函数，则当 $k_\theta = 2\sim 3$ 时，其进入 1％误差带的调节时间 $t_s = 2.69\sim 2.15\text{s}$，响应呈现振荡收敛的形式，且波峰和波谷只各出现一次，其最大超调量为 $M_p = 6.8\%\sim 12\%$。

若选取 $k_\theta = 2.3$，则其闭环传递函数为

$$\frac{\Delta\theta}{\Delta\theta_c} = \frac{11.04(s+1.875)}{(s+1.345)(s^2+3.455s+15.39)} \tag{6-27}$$

零点为 $s = -1.875$；极点为 $s_1 = -1.345$，$s_{2,3} = -1.7275 \pm 3.5222\text{j}$。从数据上来看，实数零点与极点是比较接近的，因此也基本上达到设计目的了。式(6-24) 可以写为如下形式：

$$\frac{\Delta\theta}{\Delta\theta_c} = 0.3802 \times \frac{15.39}{(s+1.345)(s^2+3.455s+15.39)} + 0.7173 \times \frac{15.39}{s^2+3.455s+15.39} \tag{6-28}$$

通过式(6-28) 可以明显看出，其中第一项为包含一个稳定极点的标准二阶系统，这个稳定极点使得第一项响应的上升时间增加了，而对其他性能参数影响不大，同时第一项的幅值相比第二项来说比较小，因此式(6-28) 的响应性能主要是由其第二项决定的。故而俯仰角控制系统的响应性能基本上是由以下标准二阶传递函数决定的，即

$$G(s) = \frac{15.39}{s^2+3.455s+15.39}$$

显然这是一个阻尼比为 0.44 的欠阻尼二阶系统，它的调节时间约为 2.7s。尽管极点 $s_1 = -1.345$ 增加了前一项二阶传递函数的调节时间，但由于后一项二阶传递函数的幅值约为前一项幅值的 1.9 倍，因此其整体响应的调节时间并不会受到极点 $s_1 = -1.345$ 太大的影响，而且由于两项幅值的叠加作用，调节时间会进一步变小。

当 $\Delta\theta_c$ 的输入为单位阶跃函数（幅值为 1°）时，其式(6-28) 的响应如图 6-6 所示。

其响应性能指标采用二阶系统响应指标的定义，从图 6-6 中可以得到如下的性能参数：

上升时间：$t_r = 0.52\text{s}$；

进入 1％误差带的调节时间：$t_s = 2.47\text{s}$；

波峰时间：$t_p = 1\text{s}$，超调量为 5％；

波谷时间：$t_p = 1.75\text{s}$，超调量为 6.2％。

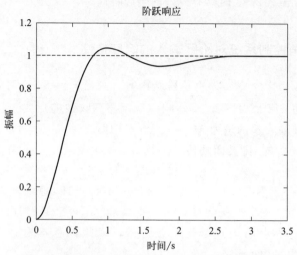

图 6-6　俯仰角控制系统 $k_\theta = 2.3$ 时单位阶跃响应

俯仰角控制系统调节时间为 2.47s，非常接近以上二阶传递函数 2.7s 的调节时间，而且后者的上升时间约为 0.46s，也非常接近俯仰角控制系统的上升时间 0.52s。俯仰角控制系统上升时间较大，则显然是极点 $s_1 = -1.345$ 起了作用。总之，极点 $s_1 = -1.345$ 对系统的响应相当于起到了阻尼的作用，它降低了系统快速响应的能力。

而从近似分析来看，近似的闭环传递函数为

$$\frac{\Delta\theta}{\Delta\theta_c} \approx \frac{15.39}{s^2 + 3.455s + 15.39} \tag{6-29}$$

其用于初步分析和设计是可行的，特别是响应的调节时间相对误差约为 9.3%，而上升时间相对误差约为 11.5%，这个误差作为初步设计是可以接受的。

6.2.3　俯仰角控制系统的控制指令分配

经俯仰角控制系统控制律 [式(6-25)] 运算所得到的转速控制信号 Δn_{ec}，需要根据其正负极性，分别输出至 R_1、R_2 和 R_3、R_4 旋翼电机的电调，进而控制每个电机/旋翼转速，才能达到控制其动力学特性的目的。其悬停时控制分配的方法如下：

① 若 $\Delta n_{ec} = 0$，则 R_1、R_2 和 R_3、R_4 电机在平衡时以平衡转速 $n_{10} = n_{20}$ 和 $n_{30} = n_{40}$ 运行；

② 若 $\Delta n_{ec} > 0$，则需抬头控制时，由于 Δn_{ec} 是增量控制信号，并按表 2-4 定义的操纵方法，要求各电机的实际转速分别为 $n_1 = n_{10} + \Delta n_{ec}$，$n_2 = n_{20} + \Delta n_{ec}$，$n_3 = n_{30}$，$n_4 = n_{40}$；

③ 若 $\Delta n_{ec} < 0$，则需低头控制时，由于 Δn_{ec} 是增量控制信号，并按表 2-4 定义的操纵方法，要求电机的实际转速分别为 $n_1 = n_{10}$，$n_2 = n_{20}$，$n_3 = n_{30} + \sqrt{x_1/x_2} |\Delta n_{ec}|$，$n_4 = n_{40} + \sqrt{x_1/x_2} |\Delta n_{ec}|$。

按上述俯仰角控制系统的控制分配方法，其实现增量控制指令分配的原理方框图如图 6-7 所示。图中，输出指令符号与图 6-1 是完全一致的，这样就表达了控制指令与电调之间的信息传递关系。

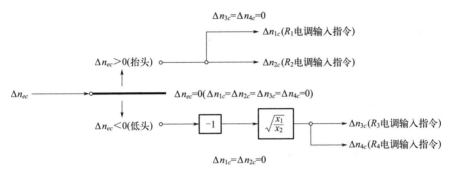

图 6-7　俯仰角控制系统控制指令 Δn_{ec} 分配原理

在图 6-7 中，将 $\Delta n_{ec} = 0$ 和 $\Delta n_{ec} > 0$ 两种状态合并为一种状态：$\Delta n_{ec} \geqslant 0$。图 6-7 的逻辑转换，在 Matlab/Simulink 数学仿真中可用"Switch"逻辑判断模块来实现。需要说明的是，如果将图 6-7 用于数学仿真，那么四旋翼飞行器必须采用增量运动数学模型，即第 5 章中关于纵向小扰动运动的状态方程。

6.3
滚转角和航向角控制系统

滚转角和航向角控制系统的设计与俯仰角控制系统的设计是类似的，也是以悬停状态下动力学响应模型作为示例的。滚转角和航向角控制系统方框图如图 6-8 和图 6-9 所示。

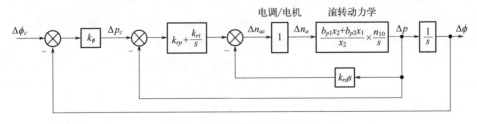

图 6-8　滚转角控制系统方框图

由图 6-8 和图 6-9 可知，滚转角和航向角控制系统的控制律与式（6-25）是类

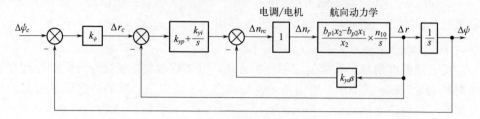

图 6-9　航向角控制系统方框图

似的，滚转角控制系统的控制律或控制指令为

$$\Delta n_{ac}=k_{\phi}\left(k_{rp}+\frac{k_{ri}}{s}\right)(\Delta\phi_c-\Delta\phi)-(k_{rp}\Delta p+k_{ri}\Delta\phi+k_{rd}\Delta\dot{p}) \quad (6\text{-}30)$$

航向角控制系统的控制律为

$$\Delta n_{rc}=k_{\psi}\left(k_{yp}+\frac{k_{yi}}{s}\right)(\Delta\psi_c-\Delta\psi)-(k_{yp}\Delta r+k_{yi}\Delta\psi+k_{yd}\Delta\dot{r}) \quad (6\text{-}31)$$

使图 6-8 和图 6-9 中的内回路，即滚转和航向角速度控制回路的传递函数满足式(6-13)，也就是将横侧向姿态运动的特性设计成与纵向姿态运动一致。这样做的好处是，操纵者不需要再去适应另外两种不同的姿态运动响应形式了，可以把对纵向姿态运动的操纵经验应用于对横侧向姿态运动的操纵控制中，这对缩短训练时间和方便操纵都是有利的。

因而，对于滚转角和航向角控制回路具有较好响应性能的增益 k_{ϕ} 和 k_{ψ} 的值与 k_{θ} 是一致的，即 k_{ϕ} 和 k_{ψ} 在 2～3 之间取值。这样滚转和航向控制系统的响应性能指标与俯仰角控制系统是完全一致的，并且在 k_{ϕ} 和 k_{ψ} 等于 2.3 时，其单位阶跃响应也如图 6-6 所示。

但我们也需要看到，如果俯仰、滚转和航向角速度的响应模型均为式(6-13)，那么其俯仰、滚转和航向角速度控制回路的控制律参数将是不同的，这主要是因为被控对象自然四旋翼飞行器的旋翼布局并不是绕质心对称的，因此同样的转速输入下，俯仰角速度、滚转角速度和航向角速度对输入转速的积分特性是不同的，也就是传递函数模型中的积分增益是不相等的，这一结论在第 5 章中已有充分的阐述了。关于角速度回路的详细设计将在后续章节中介绍。

同样也需要将控制指令 Δn_{ac} 和 Δn_{rc} 按表 2-4 的操纵方式分配到各个电调/电机，显然滚转和航向角控制系统的控制分配是完全不同的。关于它们在悬停时的增量控制指令的分配原理方框图分别如图 6-10 和图 6-11 所示。

图中的两个增益分别是为了在滚转和航向操纵时，保证俯仰运动仍是平衡的或解耦的。

同样需要说明的是，如果将图 6-10 和图 6-11 用于数学仿真，那么四旋翼飞

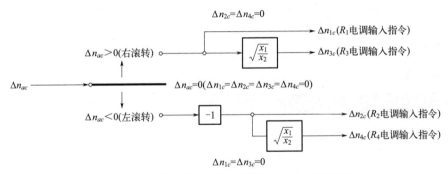

图 6-10　滚转角控制系统控制指令 Δn_{ac} 分配原理

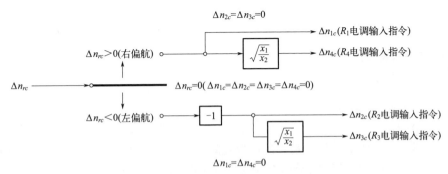

图 6-11　航向角控制系统控制指令 Δn_{rc} 分配原理

行器必须采用增量运动的数学模型，即第 5 章中关于横侧向小扰动运动的状态方程。

6.4
不同飞行状态下姿态控制问题

通过第 5 章，我们知道在悬停和前飞时，自然四旋翼飞行器的姿态动力学响应是不同的，因此如果为了获得如式（6-13）所示的姿态角速度传递函数模型或动力学响应模型，那么其姿态角速度控制系统的控制律参数是不相同的，从而导致了姿态角控制系统的控制律尽管结构一致，但运算所形成的控制指令是不同的。

所以，飞行控制系统需要设置悬停、前飞或其他飞行状态的识别功能，以激发对应于该飞行状态的姿态角控制律来进行控制指令的计算，从而实施正确的控制并得到类似式（6-23）的一致响应。

第**7**章
垂直速度和高度控制

7.1
垂直速度控制系统

7.1.1 垂直速度控制

    如第 4 章中所描述的，垂直运动形式除了单纯的垂直升降运动外，还有一种是在非水平（纵向轨迹角不等于零）前飞运动时所产生的垂直升降运动，前者的轨迹是一条垂直于地平面的直线，而后者的轨迹则是与地平面夹角不等于零且不等于九十度的一条斜直线。之所以是斜直线的轨迹，主要是前飞运动所导致的。

    在第 5 章中已经表明了这两种运动的动力学响应过程是不相同的。从力平衡的角度，若要从平衡状态开始实现这种垂直运动，那么一定是重力方向的合力失去了平衡，才能产生垂直运动。具体来说，要么各旋翼升力的合力在重力方向的投影分量大于重力，而出现离开地面的上升运动；反之，若该投影分量小于重力，将出现向地面接近的下降运动。那么，从操纵控制的角度来看，应该在四旋翼飞行器姿态保持不变或力矩平衡的前提下，同步提高四个旋翼的转速（上升运动）或同步减小四个旋翼的转速（下降运动），以达到升降运动的目的。有些文献［7，8］中，将同步控制旋翼的转速也称为总距控制。

    所以在进行垂直速度控制系统设计时，需要分为纯粹的垂直运动和前飞时的垂直运动这两种不同的飞行状态进行，同时其原则是在姿态角保持不变或力矩保持平衡的前提要求下，以同步控制四个旋翼的转速来实现。

7.1.2 垂直运动数学模型和控制律及参数确定方法

（1）垂直升降运动的垂直速度控制
这里的垂直升降运动，指的是轨迹垂直于地平面（直上直下）的运动，也就是第 5 章中所研究的垂直基准运动下的小扰动运动。而垂直速度则定义为高度相对于时间的变化率，即 $\Delta \dot{H} = \mathrm{d}H / \mathrm{d}t$，于是由式(5-46) 和式(5-47) 就得到自然四旋翼飞行器垂直速度关于转速输入的动力学数学模型：

$$\frac{\Delta \dot{H}}{\Delta n_1} = \frac{4k_f n_{10}}{m} \times \frac{x_1 + x_2}{x_2} \times \frac{1}{s + \rho f_b w_0 / m} \tag{7-1}$$

式(7-1) 是有使用条件的，即保持四旋翼飞行器平衡姿态不变，因而各旋翼转速应满足垂直运动时的平衡转速条件或应使得 $\Delta \theta = 0$ 和 $\Delta \phi = 0$。基于上述原则，在进行垂直速度控制时，姿态角控制系统必须同时参与工作，以确保在垂直速度控制期间的任何扰动下，$\Delta \theta = 0$ 和 $\Delta \phi = 0$ 的条件始终被满足。

式(7-1) 中，在转速增量 $\Delta n_1 > 0$ 的输入下，实际转速将大于平衡时转速 n_{10}，因此旋翼升力增加，并产生正的垂直速度 $\Delta \dot{H}$，即表示四旋翼飞行器高度增加，因此是在进行垂直上升运动；反之，若 $\Delta n_1 < 0$，则表示旋翼实际转速小于平衡转速，于是旋翼升力减小，从而产生了负的垂直速度 $\Delta \dot{H}$，即表示四旋翼飞行器高度减小，因此是在进行垂直下降运动。

上述传递函数为一阶惯性环节，表示在垂直平衡速度 w_0 处小扰动运动 Δw 的动力学数学模型。一般情况下，目前的多旋翼飞行器的垂直上升速度 w_0 一般最大为 5～6m/s；而由于安全的原因，下降速度一般为 2～3m/s[12,21]。在这种垂直速度下，系统设计时可以认为 $\dfrac{\rho f_b w_0}{m} \approx 0$。

这样式(7-1) 就近似成为

$$\frac{\Delta \dot{H}}{\Delta n_1} = \frac{4k_f n_{10}}{m} \times \frac{x_1 + x_2}{x_2} \times \frac{1}{s} \tag{7-2}$$

这样，垂直速度控制就类似姿态角速度控制问题了。因此，垂直速度控制系统也希望设计为一个带负零点的二阶系统。仿照姿态角控制系统，则垂直速度控制系统也是由两个反馈回路组成，即垂直加速度反馈构成内回路，而垂直速度反馈的 PI 控制回路则构成外回路，如图 7-1 所示。

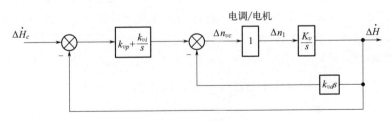

图 7-1　垂直速度控制系统

图 7-1 所表示的控制律为

$$\Delta n_{vc} = \left(k_{vp} + \frac{k_{vi}}{s} \right) (\Delta \dot{H}_c - \Delta \dot{H}) - k_{vd} s \Delta \dot{H} \tag{7-3}$$

式(7-3) 中，$\Delta \dot{H}_c$ 表示垂直速度控制指令。由图 7-1 可以得到垂直速度控制系统的传递函数为

$$\frac{\Delta \dot{H}}{\Delta \dot{H}_c} = \frac{\dfrac{k_{vp} K_v}{1 + k_{vd} K_v} \left(s + \dfrac{k_{vi}}{k_{vp}} \right)}{s^2 + \dfrac{k_{vp} K_v}{1 + k_{vd} K_v} s + \dfrac{k_{vi} K_v}{1 + k_{vd} K_v}} \tag{7-4}$$

在图 7-1 和式(7-4) 中，$K_v = \dfrac{4 k_f n_{10}}{m} \times \dfrac{x_1 + x_2}{x_2}$。式(7-4) 与姿态角速度控制系统的传递函数［式(6-7)］是类似的，因此性质也是相同的。同样，如果 $k_{vd} \gg 1/K_v$，即

$$k_{vd} \gg \frac{m}{4 k_f n_{10}} \times \frac{x_2}{x_1 + x_2} \tag{7-5}$$

那么式(7-3) 就可以近似为

$$\frac{\Delta \dot{H}}{\Delta \dot{H}_c} \approx \frac{\dfrac{k_{vp}}{k_{vd}} \left(s + \dfrac{k_{vi}}{k_{vp}} \right)}{s^2 + \dfrac{k_{vp}}{k_{vd}} s + \dfrac{k_{vi}}{k_{vd}}} \tag{7-6}$$

于是图 7-1 所示的垂直速度控制系统的响应特性与自然四旋翼飞行器的飞行参数和状态无关，而只与垂直速度控制律参数有关，因而系统是鲁棒的。

若系统的响应模型式(7-6) 的设计目标与式(6-13) 一致，那么 k_{vp}、k_{vi} 和 k_{vd} 参数的选择方法与姿态角控制系统是类似的，这里将不再赘述。

(2) 前飞时的垂直速度控制

在前飞时，垂直速度的操纵策略一般是在前飞俯仰姿态不变的条件下，同时增加（或减小）四个旋翼的转速以达到提高（或减小）合升力的大小，从而实现垂直速度控制的。前飞俯仰姿态不变也就是意味着前飞速度 V_0 保持不变，或者说保持前飞平衡速度的条件下进行垂直运动。在这样的条件下，就可以推导前飞时垂直运动的动力学数学模型。

假设在进行垂直运动前（即前飞平衡运动），四旋翼飞行器处于水平直线飞行状态，则 $\gamma_0 = 0$，并且由于 $\Delta \dot{H} = -\dot{z}_e$，将这两个条件代入式(5-61) 后就得到了前飞时的垂直速度为

$$\Delta \dot{H} = V_0 \Delta \gamma \tag{7-7}$$

又由于式(5-53) 中第一式为 $\Delta \gamma = \Delta \theta - \Delta \alpha$，并且前飞中进行垂直运动时，需要保持前飞姿态不变，因此该式中的 $\Delta \theta = 0$；且由式(5-76) 并代入 $\gamma_0 = 0$，于

是得到

$$\Delta \gamma = -\frac{2b_\alpha}{s-a_\alpha}(n_{10}\Delta n_1 + n_{30}\Delta n_3) \tag{7-8}$$

注意：式(7-8)中，由于此前假设了前飞平衡运动时 $\gamma_0 = 0$，因此 $\alpha_0 < 0$，那么根据第 5 章中关于 a_α、b_α 的定义可知 $a_\alpha < 0$，$b_\alpha < 0$。因此式(7-8)符合物理规律，即若增加四个旋翼的转速，那么合升力也将增加，就会导致纵向轨迹角或航迹角向上增加并为正，表明四旋翼飞行器在前飞的同时进行上升运动。

同时也应看到，由于 $\Delta \alpha = -\Delta \gamma$（要求 $\Delta \theta = 0$ 的缘故），这就意味着迎角发生了改变，又同步增加了四个旋翼的转速，因此由式(5-76)可知，前飞速度增量 ΔV 会有所变化，因此此时前飞速度将不能维持在 V_0 了，而是以速度 $V_0 + \Delta V$ 进行向上或向下的飞行。

由于控制期间要求 $\Delta \theta = 0$，式(7-8)的转速条件需满足

$$\Delta n_1 = \Delta n_2, \Delta n_3 = \Delta n_4, \Delta n_1 = \Delta n_3 \sqrt{(k_f x_2 + k_d z_r)/(k_f x_1 - k_d z_r)} \tag{7-9}$$

而各旋翼的平衡转速需满足式(4-25)。

将上述条件代入式(7-8)中得到

$$\Delta \gamma = -\frac{2b_\alpha n_{10}k_f(x_1+x_2)}{k_f x_2 + k_d z_r} \times \frac{1}{s-a_\alpha}\Delta n_1 \tag{7-10}$$

将式(7-10)代入式(7-7)中，就得到前飞时关于垂直速度的动力学数学模型：

$$\frac{\Delta \dot{H}}{\Delta n_1} = -\frac{2V_0 b_\alpha n_{10}k_f(x_1+x_2)}{k_f x_2 + k_d z_r} \times \frac{1}{s-a_\alpha} \tag{7-11}$$

需要注意的是，式(7-11)的使用条件是：俯仰角保持不变，即 $\Delta \theta = 0$，或按式(7-9)同步控制各旋翼转速条件。

式(7-11)与式(7-1)的形式是类似的，均是一阶惯性环节，因此垂直控制系统的设计方法也是相似的，此处不再重复了。

但需要指出的是：前飞时进行垂直速度控制时，其俯仰角控制系统必须同时工作以确保 $\Delta \theta = 0$，此时俯仰角控制系统的指令输入应为 $\Delta \theta_c = 0$。俯仰角控制系统同时工作的原因是，防止扰动的影响导致 $\Delta \theta = 0$ 条件不能被满足的情况发生。

7.1.3 输出控制分配

(1) 垂直升降运动的控制分配

由于在进行垂直速度控制时，需要对四个旋翼同步进行转速控制，且同时俯仰角和滚转角要保持不变。因此，在进行垂直升降运动时，对各旋翼转速的指令或垂直控制系统的输出指令进行分配，需要满足式(5-20)，也就是：

$$\Delta n_{1c} = \Delta n_{vc}, \Delta n_{2c} = \Delta n_{vc}, \Delta n_{3c} = \Delta n_{vc}\sqrt{\frac{x_1}{x_2}}, \Delta n_{4c} = \Delta n_{vc}\sqrt{\frac{x_1}{x_2}} \quad (7\text{-}12)$$

其分配原理方框图如图 7-2 所示。

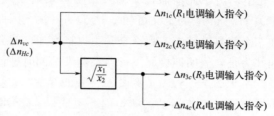

图 7-2　垂直升降运动时的控制分配原理

（2）前飞时垂直速度的控制分配

前飞时垂直速度的控制分配与式(7-12) 是类似的，差别就是 R_3 和 R_4 旋翼的转速增益不同，如下所示：

$$\Delta n_{1c} = \Delta n_{vc}, \Delta n_{2c} = \Delta n_{vc}, \Delta n_{3c} = \Delta n_{vc}\sqrt{\frac{k_f x_1 - k_d z_r}{k_f x_2 + k_d z_r}}, \Delta n_{4c} = \Delta n_{vc}\sqrt{\frac{k_f x_1 - k_d z_r}{k_f x_2 + k_d z_r}}$$

$$(7\text{-}13)$$

其分配原理框图与图 7-2 也是类似的，此处不再重复。

7.1.4　垂直速度控制律的工程实现

无论是垂直升降还是前飞时的垂直速度控制律，其形式都是式(7-3)，以下讨论关于该控制律的算法实现问题。

将式(7-2) 改写为

$$\Delta n_{vc} = \left(k_{vp} + \frac{k_{vi}}{s}\right)\Delta \dot{H}_c - k_{vi}\Delta H - k_{vp}\Delta \dot{H} - k_{vd}\Delta \ddot{H} \quad (7\text{-}14)$$

式中，反馈量 ΔH、$\Delta \dot{H}$ 和 $\Delta \ddot{H}$ 均可以由相应的传感器提供，即由高度、垂直速度和垂直加速度传感器测量得到。这样就避免了对反馈量进行微分和积分运算，可以减小控制律的计算时间，有利于提高系统的实时性能。

7.2
高度保持控制系统

7.2.1　高度保持控制

在上述垂直速度控制系统的基础上可以设计高度保持控制系统。关于高度保持控制系统的设计有两种方法：一种方法是在垂直速度控制系统的基础上来构造高度控制系统，即将垂直速度控制系统作为内回路，将高度反馈控制作为外回路；另一种方法就是直接采用高度反馈的单一控制回路。第一种设计方法的好处是，可以灵活地改善高度控制时的阻尼特性，并且可以方便地对高度控制过程中的高度变化率即垂直速度进行限幅处理，以获得不至于过大的垂直上升或下降速度。本书将主要采用第一种高度控制的设计方法。

高度保持控制也称为定高控制，是使飞行器保持在被选定的高度上飞行的自动控制方式。在一般操纵中，当操纵者确认飞行器已经到达了飞行计划中所确定的航路高度 H_0 后，就给出指令 $\Delta H_c = 0$ 来实施高度保持控制，其后飞行器就在高度保持控制系统的作用下，在该高度上进行高度不变的自动飞行。

显然，定高控制只应用在前飞或悬停飞行状态。在悬停时进行定高控制，如果仅仅用姿态控制系统进行配合的话，那么在受到扰动作用后，高度在控制系统作用下能够保持不变，但悬停的水平位置将会出现漂移。因此，如果在扰动下要保持位置基本不变，那么需要用速度保持控制系统或位置控制系统来配合定高控制。

所以，对于高度保持控制系统来说，输入指令是确定的，即 $\Delta H_c = 0$，其目的是通过高度保持控制系统使飞行器的高度增量或扰动量被控制为 $\Delta H = 0$，因而所要保持的高度为 H_0。所以，当飞行器在以高度 H_0 飞行时，任何干扰使得飞行器偏离高度 H_0 飞行，即出现 $\Delta H \neq 0$，那么高度保持控制系统都将按输入指令 $\Delta H_c = 0$ 进行修正控制，直至 $\Delta H = 0$，此时飞行器将保持在高度 H_0 上飞行。这与姿态和垂直速度控制系统中输入指令可按实际需要来灵活确定是有差别的，这也是"高度保持控制"中"保持"之意。

7.2.2 控制律设计和参数确定方法

高度和垂直速度有如下传递函数模型：

$$\frac{\Delta H}{\Delta \dot{H}} = \frac{1}{s} \tag{7-15}$$

与姿态控制系统类似，由图 7-1 就能构造高度控制系统，如图 7-3 所示。

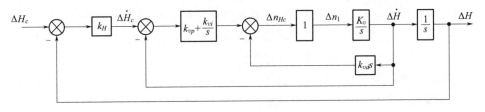

图 7-3　高度控制系统

图 7-3 中，k_H 为高度控制回路增益，且高度保持控制律为

$$\Delta n_{Hc} = k_H \left(k_{vp} + \frac{k_{vi}}{s} \right)(\Delta H_c - \Delta H) - \left(k_{vp} + \frac{k_{vi}}{s} \right)\Delta \dot{H} - (k_{vd}s)\Delta \dot{H} \qquad (7\text{-}16)$$

类似的，图 7-3 的高度控制系统对于力矩干扰存在高度稳态误差，如果要消除这个高度误差，则需要采用比例积分控制。

若图 7-3 中内回路垂直速度控制系统的响应模型与式(7-13)一致，那么高度控制系统回路增益 k_H 的选择范围为 $k_H = 2 \sim 3$ 是比较合适的。同样，当 $k_H = 2.3$ 时，高度控制系统的阶跃响应性能与姿态控制系统是类似的。而关于高度保持控制律［式(7-16)］，工程实现可采用下式：

$$\Delta n_{Hc} = k_H \left(k_{vp} + \frac{k_{vi}}{s} \right)(\Delta H_c - \Delta H) - (k_{vi}\Delta H + k_{vp}\Delta \dot{H} + k_{vd}\Delta \ddot{H}) \qquad (7\text{-}17)$$

或者

$$\Delta n_{Hc} = k_H \left(k_{vp} + \frac{k_{vi}}{s} \right)\Delta H_c - \left(k_H k_{vp} + k_{vi} + \frac{k_H k_{vi}}{s} \right)\Delta H - (k_{vp}\Delta \dot{H} + k_{vd}\Delta \ddot{H})$$

$$(7\text{-}18)$$

而控制输出 Δn_H 的分配与垂直速度控制系统是相同的，如图 7-2 所示，但是需要区别垂直升降运动和前飞时，分配给 R_3 和 R_4 旋翼的转速指令和控制律输出指令之间的增益关系是不同的。

7.3
高度预选控制

7.3.1　高度预选控制问题

高度预选控制也称为垂直导航控制[29]，它主要是对铅垂方向轨迹进行跟踪和控制。而在前飞时，爬升或下降的轨迹则是由垂直速度和前飞速度共同决定的。

高度预选给了飞行器操纵者一个控制飞行器自动爬升或下降到所需要高度的便利操纵控制方式。操纵者只要设定好所要到达的高度和垂直速度后，启动高度预选控制，飞行器就将按所确定的垂直速度自动地进行爬升或下降运动，当到达所设定的高度后则自动保持在该高度上飞行[29]。

因此，高度预选控制是将垂直速度和高度保持控制的两个控制模式合并为一个控制模式，也就是将需要操纵者进行的两次操作合并为一次操作，简化了操纵者的操作过程，提高了飞行器的自动化能力。

7.3.2 高度预选控制的实现方法

高度预选控制是由垂直速度控制系统和高度保持控制系统通过分时工作来实现的。从系统工作的顺序上来看，高度预选控制首先是激发垂直速度控制系统工作，垂直速度控制系统按照输入的爬升或下降速度指令，控制飞行器进行按该指令的爬升或下降运动，当飞行器到达所设定的高度附近，垂直速度控制系统将停止工作，高度保持控制系统则自动接手开始工作并控制飞行器飞向所设定的高度，最后使飞行器保持在该高度上飞行。

因此，在高度预选控制中最重要的问题是按什么条件来自动激发高度保持控制系统工作。而该条件就是飞行高度，也就是当飞行器高度与所设定高度偏差多大时，高度保持控制系统才开始工作。

根据有人驾驶飞机的经验，高度保持控制系统激发需要经历"准备""截获"和"跟踪"三个阶段[29]。其中，在"准备"阶段仍然用垂直速度控制系统来控制飞机，但输入指令需要进行软化处理，以平滑地进入"截获"状态；当 $\Delta H \leqslant$ 40m 时，即进入"截获"状态，则采用按过载限制的高度控制，实际上也是按 $\Delta H_c = 0$ 的控制，只是在控制过程（特别是控制的初始阶段）中对纵向过载 Δn_z 进行了限制；而当 $\Delta H \leqslant 6$m 后就进入"跟踪"状态，也就是激发了高度保持控制。

由于上述控制方式是适用于有人驾驶的运输类飞机，因此对于无人的多旋翼飞行器可以简化过程。

以下为设计建议，高度预选分为三个阶段来完成：

① 当预选高度与目前高度之差 $\Delta H \geqslant \pm 20$m，垂直速度控制系统被激发，垂直速度控制指令可在 $\Delta \dot{H}_c = 2 \sim 6$m/s 之间选择。

② 在 $\Delta H \leqslant \pm 20$m 后，进入"截获"状态，垂直速度控制系统的输入指令不变，而主要是对垂直速度控制系统的输出 Δn_{vc} 进行软化处理。软化处理可采用一阶惯性环节，其时间常数约为 0.25s，传递函数为 $4/(s+4)$。

③ 当 $\Delta H \leqslant \pm 3$m 后进入"跟踪"状态，激发高度保持控制系统工作。并停止垂直速度控制系统工作。其间若对于转速变化有要求或对于纵向过载有要求，则对高度保持控制系统的输出进行适当的限制。图 7-4 所示是用前飞时的爬升飞行来说明高度预选控制的过程，而前飞下降或垂直升降运动的高度预选控制是类似的。

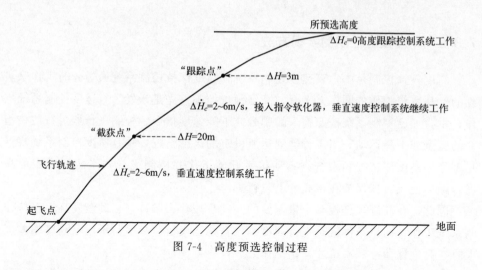

图 7-4 高度预选控制过程

7.4
设计与仿真实例：垂直速度和高度控制系统

7.4.1 垂直飞行运动方程

实例四旋翼飞行器数据和垂直飞行运动方程分别参考本书附录 A 和附录 C。在建模过程中需要注意的是，小扰动线性化运动方程是增量方程，非线性运动方程是全量方程。对四旋翼飞行器非线性运动方程进行控制律设计时，需要把平衡点（参考附录 C.3）考虑进去。

7.4.2 垂直速度控制系统设计与数学仿真

（1）垂直速度控制律参数设计
按 5m/s 垂直上升运动进行速度控制设计，此时的垂直速度对总距输入的传递函数为

$$\frac{\Delta w}{\Delta n_1} = -\frac{0.26192}{s - 0.61674} \tag{7-19}$$

这是一个不稳定的一阶传递函数。

按图 7-1 进行垂直速度控制系统设计，首先内回路需将不稳定的传递函数改变为稳定的环节，于是通过计算得到内回路的闭环传递函数为

$$\frac{\Delta w}{\Delta n_{1c}} = -\frac{0.26192}{s + (0.26192k_{vd} - 0.61674)} \tag{7-20}$$

为了保证上述传递函数具有负的极点，k_{vd} 的选择需要满足

$$0.26192k_{vd}-0.61674>0 \tag{7-21}$$

从而得到 $k_{vd}>2.3547$。为了获得较小的控制律增益，可设 $k_{vd}=3$，于是得到

$$\frac{\Delta w}{\Delta n_{1c}}=-\frac{0.26192}{s+0.16902} \tag{7-22}$$

如此，垂直速度控制系统的闭环传递函数为

$$\frac{\Delta w}{\Delta w_c}=\frac{0.26192k_{vp}s+0.26192k_{vi}}{s^2+(0.26192k_{vp}+0.16092)s+0.26192k_{vi}} \tag{7-23}$$

同时，将垂直速度控制系统的响应模型设为

$$\frac{\Delta w}{\Delta w_c}=\frac{as+2}{s^2+3s+2} \tag{7-24}$$

在以上两式中，首先应该是极点相同，于是：

$$\begin{cases} 0.26192k_{vp}+0.16092=3 \\ 0.26192k_{vi}=2 \end{cases} \tag{7-25}$$

解出：$k_{vp}=10.81$，$k_{vi}=7.64$。

因而在上述控制律下，垂直速度控制系统的闭环传递函数为

$$\frac{\Delta w}{\Delta w_c}=\frac{2.83136(s+0.70675)}{s^2+3s+2} \tag{7-26}$$

由于上式中的零点较小，这将会增大系统响应的超调量，但对调节时间和上升时间影响不大。

(2) 数学仿真设计

考察在姿态控制系统（姿态控制系统设计参考本书 10.5.1 节）配合下，垂直速度控制系统对扰动的抑制能力。

扰动分别在系统中运行 10s，对 3 号和 4 号旋翼各增加 10r/s 转速的常值扰动（相当于常值俯仰低头扰动力矩 2.5N·m）；在运行至 30s 后，对 1 号旋翼施加 10r/s 转速的常值扰动（相当于常值右滚扰动力矩 2.4N·m），然后分别观察垂直速度能否回到原来的状态（即 $\Delta w=0$，$w_0=-5$m/s）以及对其他运动变量的影响。

(3) 数学仿真过程和结果分析

根据仿真要求，可以建立数学仿真用的方框图，垂直速度控制回路的 Simulink 数学仿真方框图如图 7-5 所示。系统输入指令为 $\Delta u_c=0$，$\Delta v_c=0$，$\Delta \psi_c=0$ 以及 $\Delta H_c=0$。

图 7-5 中的指令分配环节（comm. Distri.）完全是按第 3 章的操纵方式以及本章的指令分配原理进行设计的，是由 "Switch" 函数所实现的逻辑模块。

在上述初始条件下，四旋翼飞行器在垂直上升中分别受到俯仰和滚转方向的小扰动，仿真时间为 60s。

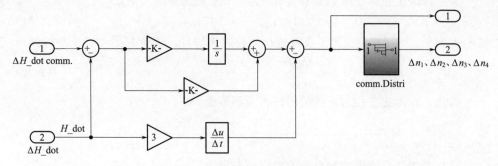

$\Delta H\_$dot comm.

$H\_$dot

$\Delta H\_$dot

comm.Distri

Δn_1、Δn_2、Δn_3、Δn_4

图 7-5　垂直速度控制回路 Simulink 数学仿真方框图

四旋翼飞行器受到的常值扰动和线性模型输入量的响应曲线如图 7-6 所示。

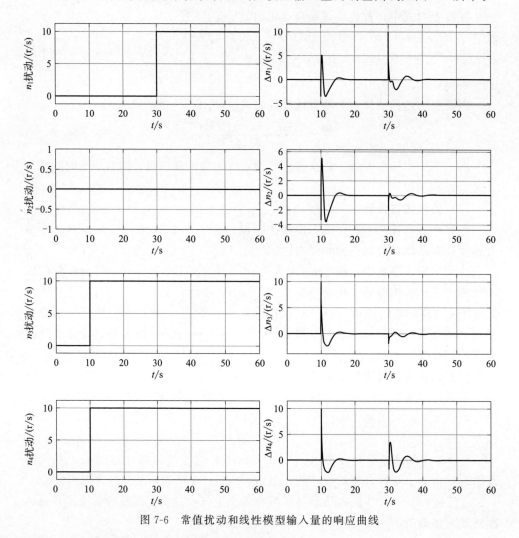

图 7-6　常值扰动和线性模型输入量的响应曲线

四旋翼飞行器小扰动线性化模型数学仿真结果如图 7-7 和图 7-8 所示。

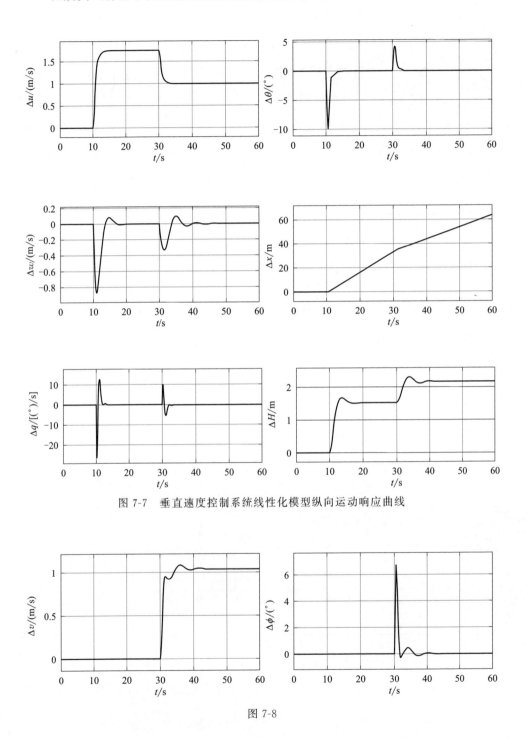

图 7-7　垂直速度控制系统线性化模型纵向运动响应曲线

图 7-8

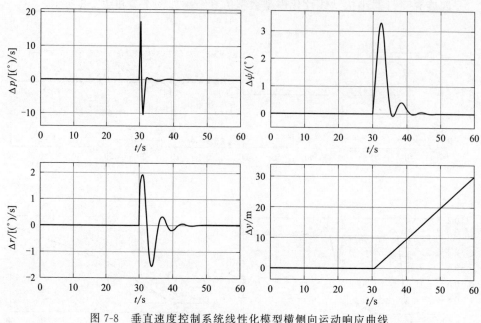

图 7-8　垂直速度控制系统线性化模型横侧向运动响应曲线

四旋翼飞行器受到的常值扰动和非线性模型输入量的响应曲线如图 7-9 所示。

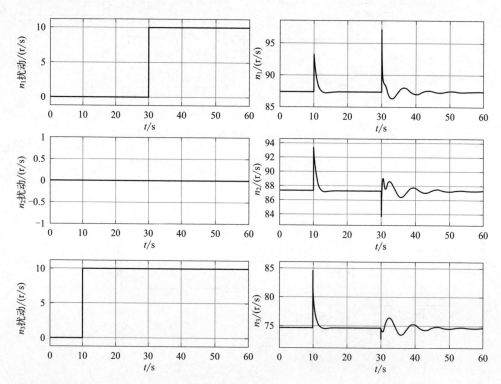

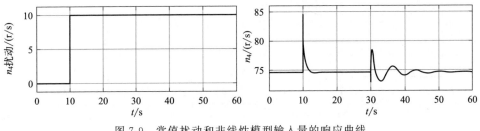

图 7-9　常值扰动和非线性模型输入量的响应曲线

四旋翼飞行器非线性运动方程数学模型下的数学仿真结果如图 7-10 和图 7-11 所示。

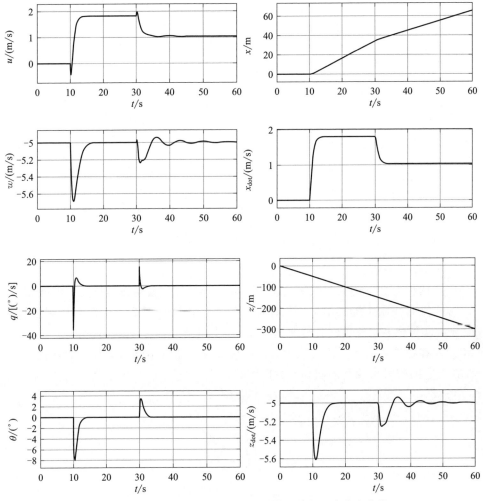

图 7-10　垂直速度控制系统非线性模型纵向运动响应曲线

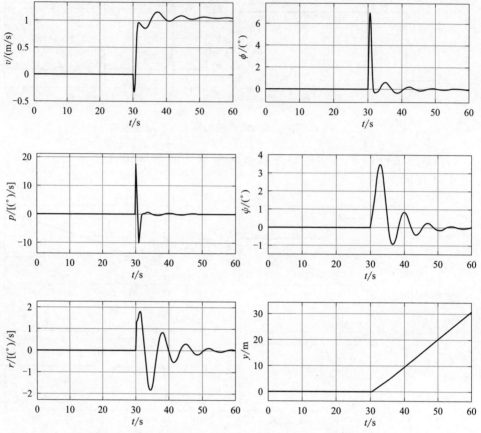

图 7-11　垂直速度控制系统非线性模型横侧向运动响应曲线

仿真结果分析：

① 两种模型下仿真的结果是完全一致的，且符合其动力学特性是可信的；

② 垂直控制系统工作时，若是直上的飞行轨迹，那么需要速度控制系统来配合，这与悬停状态控制时需要速度控制系统来配合是一样的概念；

③ 在遭遇纵向或横侧向扰动后，四旋翼飞行器将不能保持直上的垂直飞行，而在上升的同时出现了向前和右方向的移动。

第8章
前飞及协调转弯和高度控制

8.1
前飞及协调转弯控制问题

前飞运动时，只要进行高度保持控制和姿态保持控制，那么四旋翼飞行器就能水平直线飞行了。当然，在飞行的过程中，前飞速度会受到扰动的影响，而无法保持与低头俯仰角所对应的速度。如果对飞行速度有特别的要求，那么就需要采用速度控制系统来保持前飞速度不变。关于速度控制系统的设计可以参考第10章的有关内容。而对于大多数多旋翼飞行器来说，采用俯仰角控制系统来进行前飞运动控制是能满足要求的。

所谓前飞协调转弯是指，在定直平飞的前飞过程中利用滚转角和航向角的配合使得侧滑角为零的一种转弯形式。并且若始终保持侧滑角为零，且此转弯过程中航向角速度保持为常值，那么四旋翼飞行器将进入稳态盘旋飞行，此时的水平航迹为圆轨迹，其圆轨迹半径或盘旋半径与滚转角的大小有关[16]。

在一般的使用环境中，协调转弯主要是用于截获和跟踪预设航线（水平航线）的飞行过程中，并且常常在定高飞行的巡航阶段使用，当然在进近着陆和起飞进入预设航线阶段也有被短暂使用[29]。

侧滑角为零的转弯，对于无人飞行器和有人驾驶飞行器都是有价值的。对于无人飞行器来说，无侧滑转弯有利于操纵者对目标观察时的精确修正操纵；而对于有人驾驶飞行器来说，无侧滑转弯可以减轻人的不适感，也有利于对飞行器的操纵；并且无侧滑转弯也有利于稳定盘旋飞行的实现。

对于绕质心对称布局的四旋翼飞行器来说，由于滚转操纵和航向操纵会出现共用相同旋翼的情况，因此这将带来滚转和航向运动的强耦合情况，而这种耦合可能不利于协调转弯，所以四旋翼飞行器实现协调转弯或盘旋飞行是有一定困难的。当然若无零侧滑转弯的要求，那么就不需要用协调转弯控制了。

8.2
实现协调转弯的条件

根据 8.1 的讨论，首先需要研究一般四旋翼飞行器实现协调转弯的条件。

在小扰动假设下，根据表 2-4 可知，在航向或滚转操纵时，都有可能引起交叉耦合响应，也就是滚转操纵时将引起航向耦合响应，而在航向操纵时将会引起滚转耦合响应。这一方面是由于操纵或控制装置（旋翼）不足或四旋翼飞行器是个欠驱动系统，另一方面是由于在机体动力学中，通过惯性积 I_{xz} 而形成的航向和滚转的交叉耦合。

因而四旋翼飞行器无法像固定翼飞机那样通过不同的操纵面来分别实现对滚转和航向的控制作用。

对四旋翼飞行器来说，在滚转或航向操纵中都会产生交叉耦合响应，也就是在 Δn_r 或 Δn_a 输入的情况下，都会产生滚转和偏航运动。那么，四旋翼飞行器的动力学应该满足什么条件，才能使得在 Δn_r 或 Δn_a 的单独输入下所引起的滚转和偏航的运动响应中，始终保持侧滑角为零。

由式（5-57）的第一个方程得到侧滑角为零（$\Delta\beta=0$）时所要满足的条件为

$$\sin\alpha_0 \Delta p - \cos\alpha_0 \Delta r + \frac{g}{V_0}\cos\theta_0 \Delta\phi = 0$$

又由于前飞时假定了 $\alpha_0 = \theta_0$，即基准运动是定直平飞，故而上式可以改写为

$$\tan\theta_0 \Delta p - \Delta r + \frac{g}{V_0}\Delta\phi = 0 \tag{8-1}$$

式（8-1）即协调转弯时横侧向运动中的滚转和航向运动所需要满足的条件。显然，即使有滚转和航向姿态控制系统，但如果仅仅通过操纵者对滚转和航向姿态运动进行操纵来满足式（8-1）也是相当困难的，只有通过协调转弯控制系统，也就是输入指令为零的侧滑角控制系统，才有可能实现式（8-1）的条件。

8.3
协调转弯运动数学模型

如果通过输入指令为零的侧滑角控制系统，始终保持侧滑角为零的协调转弯，那么四旋翼飞行器协调转弯运动可以用一个简化的数学模型来表示，这样就可以方便利用协调转弯来对航迹进行跟踪控制的系统设计。

由式（8-1）以及式（5-59）的第一式和第三式，并利用基准运动的假设 $\alpha_0 = \theta_0$，得到式（8-1）的新形式：

$$\sin\theta_0 \Delta\dot{\phi} - \Delta\dot{\psi} + \frac{g}{V_0}\cos\theta_0 \Delta\phi = 0 \qquad (8\text{-}2)$$

对式(8-2)进行拉普拉斯变换后得到

$$\Delta\psi = \left(\sin\theta_0 + \frac{g}{V_0}\cos\theta_0 \frac{1}{s}\right)\Delta\phi \qquad (8\text{-}3)$$

根据式(8-3)，在协调转弯时，对于确定的前飞速度 V_0，每个稳态滚转角（此时 $\Delta\dot{\phi}=0$）总是对应一个不变的稳态航向（偏航）角速度 $\Delta\dot{\psi}=(g/V_0)\cos\theta_0\Delta\phi_{ss}$，这个航向角速度也是定常盘旋速率[13,16]。$\Delta\phi_{ss}\neq0$ 是滚转角稳态值。

8.4
协调转弯的实现和侧滑角控制系统设计

由上述分析可知，若要实现协调转弯，则必须由滚转和航向操纵来协调工作，以确保转弯期间侧滑角为零。

在协调转弯的工作过程中，首先应使四旋翼飞行器通过输入 Δn_a 的操纵，使飞行器向转弯方向滚转一个角度并保持，从而使速度矢量偏向转弯方向，同时产生侧滑角［式(5-81)］，然后通过 Δn_r 的操纵输入对航向角也向着转弯方向来修正侧滑角［式(5-79)］，以保证侧滑角为零[16]。通过第 6 章的分析可知，在滚转操纵中存在减小侧滑角的有利偏航，同样的航向操纵中也存在减小侧滑角的有利滚转，所以采用上述协调转弯的操纵方案是可行的。

因此，对滚转角的操纵可以依靠滚转角控制系统来实施，而通过 Δn_r 的操纵输入来控制侧滑角为零，则需要设计侧滑角控制系统来实现。式(5-92)已经建立了在 Δn_r 输入下关于侧滑角 $\Delta\beta$ 运动的数学模型，因此侧滑角控制系统可以在此基础上进行理论设计。注意式(5-92)的符号，若向右偏航，则 $\Delta n_r>0$，$\Delta\psi>0$，于是出现负左侧滑，即 $\Delta\beta<0$ 的情况，因此式(5-92)是有负号的，该负号仅仅代表侧滑角的方向，而非大小。

注意到式(5-92)是个三阶系统，并且含有两个积分环节，为了保证侧滑角在协调转弯期间是稳定的，采用超前补偿网络进行控制是合适的。侧滑角控制系统的结构方框图如图 8-1 所示。

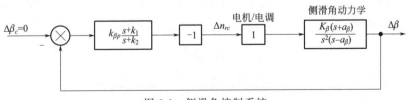

图 8-1 侧滑角控制系统

由图 8-1 得到控制律为

$$\Delta n_{rc} = -k_{\beta p}\frac{s+k_1}{s+k_2}(\Delta\beta_c - \Delta\beta) \tag{8-4}$$

协调转弯时，式(8-4) 中 $\Delta\beta_c = 0$，于是协调转弯时的侧滑角控制系统的控制律为

$$\Delta n_{rc} = k_{\beta p}\frac{s+k_1}{s+k_2}\Delta\beta \tag{8-5}$$

为方便起见，将式(5-92) 进行变换后重写如下：

$$\frac{\Delta\beta}{\Delta n_r} = \frac{K_\beta(s+b_\beta)}{s^2(s-a_\beta)} \tag{8-6}$$

式中，$K_\beta = K_{pr}\sin\alpha_0 - K_{rr}\cos\alpha_0$；$b_\beta = \dfrac{g}{V_0}\times\dfrac{K_{pr}+K_{rr}\tan\theta_0}{K_{pr}\sin\alpha_0 - K_{rr}\cos\alpha_0}$；$a_\beta$ 见式(5-67) 中的定义。

系统设计的目的就是确定式具有稳定响应的 $k_{\beta p}$、k_1 及 k_2 的取值范围，可根据开环传递函数

$$G_{ol} = k_{\beta p}\times\frac{s+k_1}{s+k_2}\times\frac{K_\beta(s+b_\beta)}{s^2(s-a_\beta)} \tag{8-7}$$

来绘制根轨迹图，并确定 $k_{\beta p}$。在绘制根轨迹时，依据经验可按 $k_1/k_2 \geqslant 0.1$ 的假设来选取 k_1 和 k_2 的值，然后在图中确定闭环根轨迹的主导极点位置，并得到此时的 $k_{\beta p}$。若主导极点位置不满意，则可通过调整 k_1/k_2 的数值来反复进行上述设计过程，直至满意为止。

8.5
侧滑角的测量

在大多数飞行器中，侧滑角的测量是由大气数据系统完成的，典型的传感器有两种，一种是风标式传感器，另一种是压力差式传感器[30]。但这些传感器对于小型的无人飞行器来说并不适用，较为实用的方法是通过 MEMS 惯性传感器的测量来间接得到。

对于以速度 V_0 前飞的四旋翼飞行器来说，如果侧滑角不为零，那么就意味着投影在机体轴 $O_b y_b$ 上的速度分量也不为零。由文献 [16] 得到

$$\beta = \arcsin\frac{v}{V_0} \tag{8-8}$$

由于前飞基准运动是无侧滑的，因此 $v_0 = 0$，故而 $v = \Delta v$，且它可以通过 MEMS 惯性传感器测量得到，并由于 $\Delta\beta = \beta$，因此通过式(8-8) 即可得到 $\Delta\beta$。若 $\Delta\beta$ 为小角度，则

$$\Delta\beta \approx \frac{\Delta v}{V_0} \tag{8-9}$$

注意，此处 $\Delta\beta$ 的单位为"弧度"。

还有一种方法是通过测量横侧向加速度来间接获得侧滑角，此方法是一种较为传统的方法，有兴趣的读者可以参见有关文献 [29]。

8.6
输出控制分配

关于滚转控制系统的输出控制分配请参见第 7 章的有关内容，而侧滑角控制系统的实施也是通过航向通道来进行（参见图 6-10），具体地说，也就是关于 Δn_r 的控制分配问题。那么，显然这个控制分配与航向控制系统的控制分配是相同的（参见图 6-11），差别只不过是决定 Δn_r 大小和方向的控制律是不同的而已。

8.7
高度控制问题

按第 5 章中讨论的结果，前飞时高度保持控制可以通过在保持前飞姿态控制的前提下，同步增加或减小所有旋翼的转速来实现。关于高度控制系统的设计方法可以参见第 7 章的相关内容。本节仅给出前飞时关于高度的数学模型。

由 5.5.4.1 节可知，如果在高度控制期间，俯仰姿态角保持不变，即 $\Delta\theta = 0$，并且基准状态设定为定直水平飞行，则 $\gamma_0 = 0$。于是由式(5-75) 得到

$$\Delta\alpha = \frac{2b_\alpha}{s - a_\alpha}(n_{10}\Delta n_1 + n_{30}\Delta n_3) = \frac{2b_\alpha k_f n_{10}(x_1 + x_2)}{k_f x_1 - k_d z_r} \times \frac{1}{s - a_\alpha}\Delta n_1 \tag{8-10}$$

高度控制时，其输入转速应满足下式：

$$\Delta n_1 = \Delta n_2, \Delta n_3 = \Delta n_4 = \Delta n_1 \sqrt{(k_f x_1 - k_d z_r)/(k_f x_2 + k_d z_r)} \tag{8-11}$$

前飞时，只要按式(8-11) 同步增加或减小相关旋翼的转速，那么在 $\Delta\theta = 0$ 的条件下，迎角将按式(8-10) 进行响应。

在小扰动运动和 $\gamma_0 = 0$ 的条件下，由式(5-61) 中的第三个方程得到

$$\Delta\dot{H} = -\Delta\dot{z}_e = V_0\Delta\gamma \tag{8-12}$$

又由式(5-62) 的第一个方程并利用 $\Delta\theta = 0$ 的条件，得到

$$\Delta\gamma = -\Delta\alpha \tag{8-13}$$

从而式(8-12) 可简化为

$$\Delta\dot{H} = -V_0\Delta\alpha \tag{8-14}$$

显然只有在 $\Delta\alpha<0$ 时，才是爬升飞行状态；$\Delta\alpha>0$ 时，则为下滑飞行状态。而高度则为

$$\Delta H = \frac{1}{s}\Delta\dot{H} = -\frac{V_0}{s}\Delta\alpha \tag{8-15}$$

至此就得到了前飞时关于高度的数学模型，而关于垂直速度和高度控制系统的设计方法可以参见第 7 章的内容。

当然以上介绍的关于高度模型的建立方法是一种简单高效的方法，用于初步确定控制律参数是可行的。而第 7 章所介绍的有关高度模型的建立方法，则是一种更为精准的方法。

8.8
设计与仿真实例：前飞控制系统

实例四旋翼飞行器数据参考附录 A，前飞运动方程和传递函数参考附录 D。在建模过程中需要注意的是，小扰动线性化运动方程是增量方程，非线性运动方程是全量方程。对四旋翼飞行器非线性运动方程进行控制律设计时需要把平衡点（参考附录 D.2）考虑进去。

8.8.1 姿态控制系统设计

（1）俯仰和滚转角速度回路控制律参数计算
俯仰和滚转角速度控制系统的响应设计模型设为

$$\frac{\Delta q}{\Delta q_c} = \frac{\Delta p}{\Delta p_c} = \frac{4.8s+5.2}{s^2+4.8s+5} \tag{8-16}$$

因此按照第 6 章的方法和附录 D.4 中的俯仰和滚转姿态角的传递函数模型，通过计算得到：

俯仰角速度控制系统的控制律增益分别为 $k_p=14.53$，$k_i=15.74$，$k_d=0.1$；

滚转角速度控制系统的控制律增益分别为 $k_p=10.04$，$k_i=11.34$，$k_d=0.1$。

（2）航向角速度回路控制律参数计算
航向角速度控制系统的响应设计模型设为

$$\frac{\Delta r}{\Delta r_c} = \frac{1.12s+0.49}{s^2+1.12s+0.49} \tag{8-17}$$

按照上述类似方法得到：航向角速度控制的控制律增益分别为 $k_p=767.24$，$k_i=335.67$，$k_d=0.1$。

（3）姿态角回路控制律参数设计和数学仿真框图

姿态角外回路增益则按照根轨迹法得到，其主导极点的阻尼比选择为 0.8 后得到 $k_\theta = 0.883$，$k_\phi = 0.878$，$k_\psi = 2.3$。根据仿真要求，可以建立数学仿真用的方框图，俯仰、滚转、偏航三个姿态角控制回路的 Simulink 数学仿真方框图如图 8-2 所示。

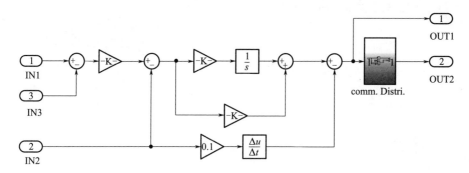

图 8-2 姿态角控制回路 Simulink 数学仿真方框图

IN1—姿态角输入量 $\Delta\Theta_c$；IN2—姿态角速度 $\Delta\Omega$；IN3—姿态角 $\Delta\Theta$；OUT1—电机转速 Δn_c；

OUT2—四个电机转速 Δn_1、Δn_2、Δn_3、Δn_4

图 8-2 中的指令分配环节（comm. Distri.）完全是按第 3 章的操纵方式以及本章的指令分配原理进行设计的，是由"Switch"函数所实现的逻辑模块。

8.8.2 高度控制系统设计

（1）控制律参数设计

由于高度控制时，需要姿态保持控制系统进行配合工作，因此可以采用式(5-75)、式(8-14) 和式(8-16) 来建立在姿态保持控制配合下的高度传递函数模型。

由式(5-75) 得到

$$\frac{\Delta\alpha}{\Delta n_1} = -\frac{0.21229}{s + 0.14207} \tag{8-18}$$

由式(8-14) 和 $V_0 = 30\text{m/s}$ 得到

$$\Delta\dot{H} = -V_0\Delta\alpha = \frac{6.3687}{s + 0.14207}\Delta n_1 \tag{8-19}$$

按图 7-1，先设计垂直速度控制系统，用微分反馈构造内回路，然后构造"比例＋积分"的外回路，并将垂直速度响应设计模型设为

$$\frac{\Delta\dot{H}}{\Delta\dot{H}_c} = \frac{3.3s + 0.4}{s^2 + 3.3s + 0.4} \tag{8-20}$$

于是就得到垂直速度控制系统的控制律增益分别为 $k_{vp}=0.852$，$k_{vi}=0.103$，$k_d=0.1$，而其高度控制回路增益由根轨迹得到 $k_H=3.2$，其主导极点阻尼为 0.505。

(2) 数学仿真模型

根据仿真要求，可以建立数学仿真用的方框图，高度控制回路的 Simulink 数学仿真方框图如图 8-3 所示。

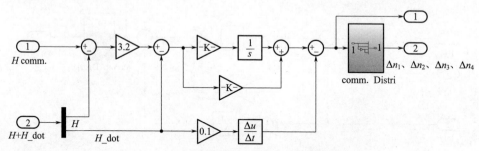

图 8-3　高度控制回路 Simulink 数学仿真方框图

8.8.3　横侧向轨迹控制系统设计

(1) 控制律参数设计

根据 9.3 节，由于横侧向轨迹是基于滚转控制系统来构建的，同时由于航向保持控制配合工作，因此可以认为在横侧向轨迹控制期间，$\Delta\beta\approx0$，$\Delta\psi\approx0$，于是由式(9-3) 得到

$$\Delta\chi\approx-\sin\theta_0\Delta\phi \tag{8-21}$$

以及由式(9-1) 得到

$$\Delta\dot{y}_d\approx-V_0\sin\theta_0\Delta\phi \tag{8-22}$$

由于 $\theta_0=-27.29°$，$V_0=30\text{m/s}$，故而

$$\Delta\dot{y}_d\approx13.7547\Delta\phi \tag{8-23}$$

按 8.7.1 节所述姿态控制系统设计，其滚转角控制系统的响应为

$$\frac{\Delta\phi}{\Delta\phi_c}=\frac{4.2144(s+1.083)}{(s+0.6963)(s^2+4.104s+6.557)} \tag{8-24}$$

将式(8-24) 写成如下形式：

$$\frac{\Delta\phi}{\Delta\phi_c}=\frac{\dfrac{s}{1.083}+1}{\left(\dfrac{s}{0.6963}+1\right)\left(\dfrac{1}{6.557s^2}+\dfrac{4.104}{6.557}s+1\right)}$$

由于特征方程 $\dfrac{1}{6.557s^2}+\dfrac{4.104}{6.557}s+1=0$ 具有一对稳定且绝对值较大的特征

根，代表了快速收敛运动模态，故而可以略去。因此式（8-24）的动态主要是由以下传递函数决定：

$$\frac{\Delta\phi}{\Delta\phi_c}\approx\frac{\frac{s}{1.083}+1}{\frac{s}{0.6963}+1}=\frac{0.6963s+0.7541}{1.083s+0.7541} \tag{8-25}$$

于是由式（8-23）和式（8-25），并按图9-3构造横侧向轨迹控制系统。在图9-3中，其内回路的无阻尼自然频率为

$$\omega_n=\frac{0.7541+10.3724k_{yd}}{1.083+9.5774k_{yd}} \tag{8-26}$$

由于式（8-24）中快速模态的无阻尼频率为2.56，因此可以设 $\omega_n=0.8149<$ (1/3)×2.56，从式（8-26）中解得 $k_{yd}=0.05$，然后由根轨迹法得到 $k_y=0.014$，其主导极点阻尼比为0.305，无阻尼自然频率为0.305，满足 $\omega_n=0.8149>2\times$ 0.305=0.61。其闭环传递函数为

$$\frac{\Delta y_d}{\Delta y_{dc}}=\frac{0.085848(s+1.083)}{s^2+0.9007s+0.09296} \tag{8-27}$$

（2）数学仿真模型

根据仿真要求，可以建立数学仿真用的方框图，横侧向轨迹控制回路的Simulink数学仿真方框图如图8-4所示。

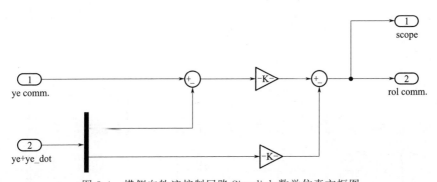

图 8-4 横侧向轨迹控制回路 Simulink 数学仿真方框图

8.8.4 数学仿真设计

四旋翼飞行器处于如下控制状态：

① 姿态保持控制，其姿态角输入指令分别是 $\Delta\theta_c=0$、$\Delta\phi_c=0$、$\Delta\psi_c=0$。这意味着姿态控制的目的是在扰动的情况下，保持平衡（配平）姿态角不变。

② 高度保持控制，其高度输入指令为 $\Delta H_c=0$。这表示在扰动情况下，高度控制系统以维持平衡（配平）高度（$H_0=100\text{m}$）为控制目的。

③ 横侧向轨迹控制，其横侧向轨迹控制输入指令为 $\Delta y_{dc}=0$。这表示在扰动情况下，横侧向轨迹控制系统以维持原水平飞行轨迹（$y_{d0}=0$m）为控制目的。

扰动形式和施加时刻：

① 扰动是两种不同性质的常值扰动力矩，并转换为对应的转速，从动力学模型的输入端施加。

② 1.25N·m 常值俯仰低头力矩扰动，等效转速为 5r/s，在仿真启动后的第 10s 开始施加，形式为阶跃信号，幅值是 +5。

③ 1.2N·m 常值右滚力矩扰动，等效转速为 5r/s，在仿真启动后的第 30s 开始施加，形式为阶跃信号，幅值是 +5。

④ 仿真时间为 80s。

8.8.5 数学仿真过程及结果分析

用 Simulink 分别建立仿真模型，且分别采用四旋翼飞行器的线性状态方程数学模型和非线性数学模型。将仿真用 Simulink 模型分别称为"前飞线性控制模型"和"前飞非线性控制模型"。两种模型下的仿真结果如图 8-5～图 8-11 所示。

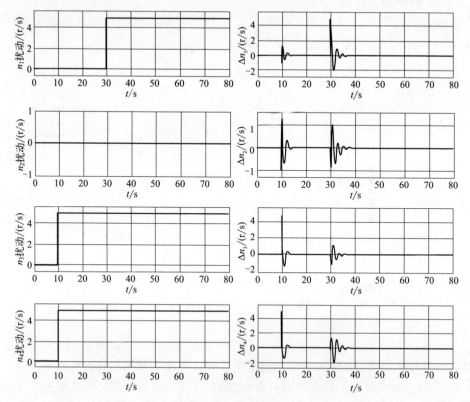

图 8-5　前飞常值扰动和线性模型输入量的响应曲线

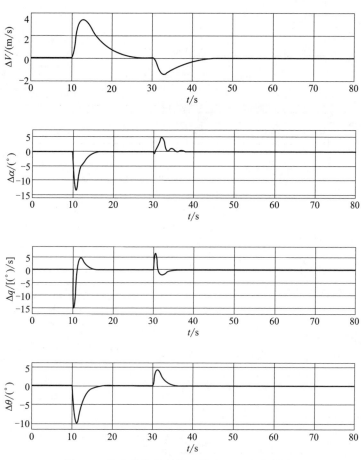

图 8-6 前飞线性控制模型纵向运动响应曲线

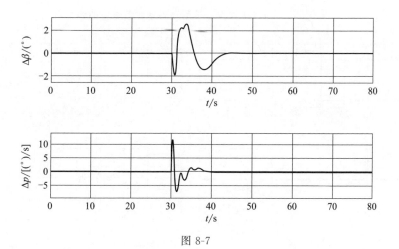

图 8-7

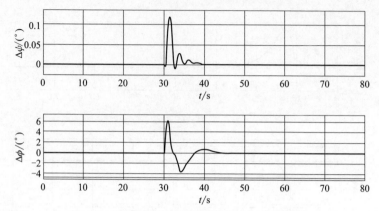

图 8-7 前飞线性控制模型横侧向运动响应曲线

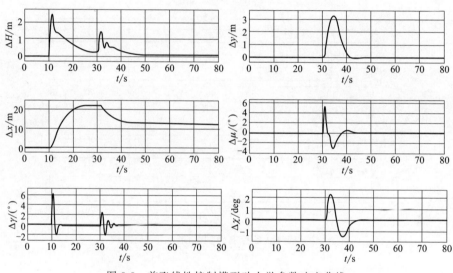

图 8-8 前飞线性控制模型动力学参数响应曲线

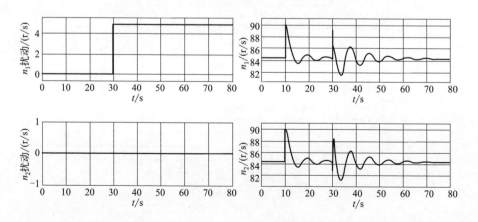

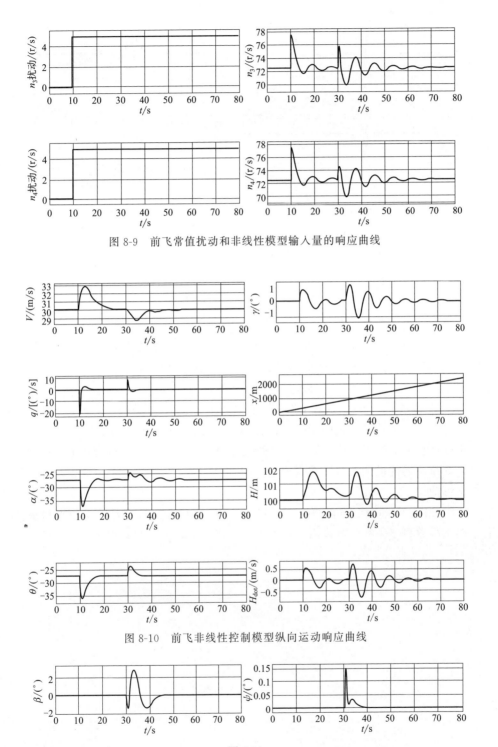

图 8-9 前飞常值扰动和非线性模型输入量的响应曲线

图 8-10 前飞非线性控制模型纵向运动响应曲线

图 8-11

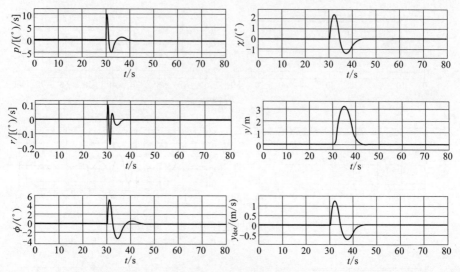

图 8-11　前飞非线性控制模型横侧向运动响应曲线

仿真结果分析：

① 在两种模型下，四旋翼飞行器在遭遇纵向或横侧向扰动后，经过了短暂的扰动响应后回到了平衡状态，说明姿态保持控制系统、高度保持控制系统和横侧向轨迹控制系统设计的正确性。

② 由线性状态方程仿真结果曲线来看，四旋翼飞行器在控制系统作用下的 $\Delta\theta$、$\Delta\phi$、$\Delta\psi$ 运动量变化的正确性符合第 6 章姿态角控制理论，ΔH 运动量变化的正确性符合 7.2 节所述的高度保持控制系统理论，Δy_e 运动量变化的正确性符合第 9 章所述的横侧向轨迹控制理论，同时各变量的变化不大，符合常理，其结果是可信的。

③ 相较于线性状态方程仿真结果，非线性控制模型的仿真结果超调量更大且振荡次数更多一些，这是由非线性因素所导致的，接近实际情况。

第9章
横侧向轨迹控制

9.1
横侧向轨迹控制和运动学模型

9.1.1 横侧向轨迹控制问题

横侧向轨迹控制是指对预先计划好的、将要飞行的水平航线进行跟踪控制,使飞行器沿着所规定的水平航线飞行。所谓水平航线,是投影在大地平面内的路线。对四旋翼飞行器来说,其飞行状态应该是在定高平飞(前飞)的条件下,对计划航线进行跟踪控制。

一般情况下,飞行器如果与航线之间有误差,即飞行器偏离了航线飞行,那么常规的操作方法是使飞行器向着航线方向滚转或倾斜一个角度,使得飞行器速度方向与航线的夹角小于90°,使得飞行器朝着航线飞行。在这期间,有人驾驶飞行器一般采用协调转弯方式来进行飞行,以使得航向角也偏向航线,并保持侧滑角为零;对于无人飞行器来说,可以允许侧滑角存在,因此航向通道可以不工作,而只使用滚转通道工作来实现对航线的跟踪控制。

因此,对于横侧向轨迹控制有两种实现方式:一是通过协调转弯,即将协调转弯控制作为内回路,而将轨迹反馈控制作为外回路;二是只采用滚转角控制系统作为内回路,将轨迹反馈控制作为外回路。两者比较而言,后一种方式比较简单易实现。

9.1.2 横侧向轨迹运动学模型

所谓运动学模型,就是建立飞行器偏离航线的距离(也称:偏航距)与飞行器角运动之间的关系。为何是建立这样的关系呢?这与飞行器的动力学性质有关，即绕质心的力矩转动引起质点轨迹运动。因此，只有建立了偏航距与角运动之间的运动学关系，才能确定如何通过滚转控制来影响偏航距的动力学特性，才能进行控制系统设计。

建立运动学模型如图 9-1 所示，图中均为小角度假设。对于该图，其偏航速度（偏航距 Δy_d 对时间的导数）与横侧向航迹方位角之间的关系[16] 为

$$\Delta \dot{y}_d = V_0 \sin(\Delta \chi) \approx V_0 \Delta \chi \tag{9-1}$$

式（9-1）经拉普拉斯变换为

$$\Delta y_d = V_0 \frac{1}{s} \Delta \chi \tag{9-2}$$

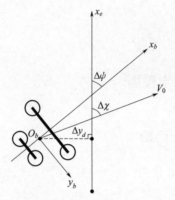

图 9-1　偏航距与飞行器角运动之间的关系

由式（5-62）的第二式，并考虑到进行航线跟踪时飞行器处于定高平飞，因此 $\gamma_0 = 0$、$\alpha_0 = \theta_0$，得到横侧向航迹方位角为

$$\Delta \chi = \Delta \psi + \Delta \beta - \Delta \phi \sin \theta_0 \tag{9-3}$$

9.2
用协调转弯对横侧向轨迹进行控制

在协调转弯时，滚转控制系统和侧滑角控制系统需要同时工作。其中，滚转控制系统将作为横侧向轨迹控制系统的内回路，并控制滚转角的大小，因此一个稳态的滚转角将产生稳定的偏航速度［见式（8-3）］，由于此时 $\Delta \beta = 0$，于是由式（9-3）得到

$$\Delta \chi = \Delta \psi - \Delta \phi \sin \theta_0 \tag{9-4}$$

因此，式（9-4）表示了协调转弯时航向角和滚转角与横侧向轨迹方位角之间的关系，而式（8-3）又表明了协调转弯时滚转角和航向角的关系，将式（8-3）代入式（9-4）后，就得到协调转弯时滚转角和横侧向轨迹方位角之间的关系为

$$\Delta \chi = \left(\frac{g}{V_0} \cos\theta_0 \frac{1}{s} \right) \Delta\phi \qquad (9\text{-}5)$$

再将式(9-5)代入式(9-2)后,得到

$$\Delta y_d = \left(g \cos\theta_0 \frac{1}{s^2} \right) \Delta\phi \qquad (9\text{-}6)$$

式(9-6)是在协调转弯时,滚转角和偏航距之间的关系方程。于是基于协调转弯的横侧向轨迹控制系统如图9-2所示。注意系统的结构,其内回路是滚转角控制系统,而外回路采用偏航距和偏航速度作为反馈[16],这两个反馈量可以通过惯性导航或GPS的数据和预设航线数据计算得到。同时,在外回路的设计中,采用了类似姿态角控制中的反馈形式,即偏航速度反馈增益设计在反馈回路中,偏航距则采用了单位反馈,其增益设计在前向通道中。

另外需要说明的是:在图9-2中,协调转弯控制系统仅仅表示出了滚转控制系统,而侧滑角控制系统则是作为独立工作的系统存在,即在对轨迹的跟踪控制中,始终保持侧滑角为零。因此,其控制系统与偏航距和偏航速度反馈没有关系,所以没有被表示在图中。

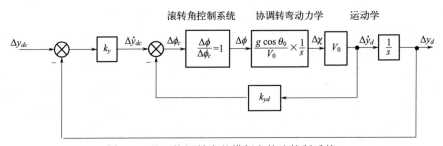

图 9-2　基于协调转弯的横侧向轨迹控制系统

图9-2中,若假设滚转角控制系统带宽大于外回路5倍以上,那么滚转角控制系统传递函数模型 $\Delta\phi / \Delta\phi_c$ 就可以用稳态值来代替了,按式(6-18)可得

$$\frac{\Delta\phi}{\Delta\phi_c} = \frac{\Delta\Omega}{\Delta\Omega_c} \bigg|_{s=0} = 1 \qquad (9\text{-}7)$$

于是得到了近似图7-2的闭环传递函数为

$$\frac{\Delta y_d}{\Delta y_{dc}} = \frac{k_y g \cos\theta_0}{s^2 + k_{yd} g \cos\theta_0 s + k_y g \cos\theta_0} \qquad (9\text{-}8)$$

式(9-8)是个标准的二阶系统[17,31],其无阻尼自然频率为 $\omega_n = \sqrt{k_y g \cos\theta_0}$,其阻尼比为 $\xi_d = \frac{1}{2} \sqrt{g \cos\theta_0} \frac{k_{yd}}{\sqrt{k_y}}$。因此从参数选择来说,$k_y$ 决定了无阻尼自然频率,而当 k_y 或频率确定后,阻尼比则唯一地由 k_{yd} 来决定,因此把 k_{yd} 反馈回路也称为阻尼回路,或者说偏航速度反馈是为了改善系统的阻尼特性。

同时前飞时的低头俯仰角大小或前飞速度大小，也会对横侧向轨迹控制系统的频率和阻尼比产生影响。一般来说，前飞速度较大时的频率和阻尼比要大于前飞速度较小时的情形。

图 9-2 的完整控制律应该包括滚转角控制系统，式(6-30) 中的 $\Delta\phi_c$ 为

$$\Delta\phi_c = k_y(\Delta y_{dc} - \Delta y_d) - k_{yd}\Delta\dot{y}_d \tag{9-9}$$

在对预设的直线航向进行轨迹跟踪控制时，其输入指令为 $\Delta y_{dc} = 0$，将式(9-9) 代入式(6-30) 后得到完整的控制律为

$$\Delta n_{ac} = k_\phi\left(k_{rp} + \frac{k_{ri}}{s}\right)[k_y(\Delta y_{dc} - \Delta y_d) - k_{yd}\Delta\dot{y}_d - \Delta\phi] - (k_{rp}\Delta p + k_{ri}\Delta\phi + k_{rd}\Delta\dot{p})$$

$$\tag{9-10}$$

关于控制律式(9-10) 的参数选择可以使用标准二阶系统的设计方法进行，其方法可以参见文献 [17, 31]。

由于式(9-8) 是在滚转角控制系统带宽大于横侧向轨迹控制系统的 5 倍以上时所得到的。若滚转角控制系统的近似模型为如式(6-29) 所示的标准二阶系统，其无阻尼自然频率设为 ω_{nr}，而横侧向轨迹控制系统的无阻尼自然频率设为 ω_n，那么两者需要满足

$$\omega_{nr} \geqslant 5\omega_n \tag{9-11}$$

若滚转角控制系统响应如式(6-29) 所示，那么 $\omega_{nr} \approx 3.923\text{rad/s}$，于是得到 $\omega_n \leqslant 0.7846$。显然，过小的 ω_n 将严重地影响系统响应的快速性，因此采用协调转弯来进行横侧向轨迹的跟踪控制时，若响应的快速性不满意，那么第一步就需要提高滚转角控制系统的快速响应能力，即进一步通过增大无阻尼自然频率来减小调节时间 t_s，然后才能提高轨迹跟踪控制响应的快速性。从系统设计的角度来说，可以先确定横侧向轨迹控制系统满足响应指标的 ω_n，然后按式(9-11) 确定滚转角控制系统的 ω_{nr}。

9.3
用滚转角控制对横侧向轨迹进行控制

本节研究的问题是，横侧向轨迹控制系统依然采用滚转角控制系统作为内回路，但不采用协调转弯的方式来对航线进行跟踪控制，亦即在侧滑角控制系统不同步参与工作的情况下，只通过控制滚转角或 Δn_a 来实现对横侧向轨迹的控制，在控制期间侧滑角不为零。

先考虑在定高平飞、无协调转弯时的横侧向偏航轨迹的动力学数学模型的建立问题。

式(9-3) 表示了在上述情况下横侧向航迹方位角与航向、侧滑角和滚转角之间的关系，因此将该式进行变换后得到

$$\Delta\chi = \left(\frac{\Delta\psi}{\Delta\phi} + \frac{\Delta\beta}{\Delta\phi} - \sin\theta_0\right)\Delta\phi \qquad (9\text{-}12)$$

式(9-12) 中的 $\Delta\psi/\Delta\phi$ 和 $\Delta\beta/\Delta\phi$ 都是只在 Δn_a 的输入作用下的横侧向角运动之间的传递函数，由式(5-68) 和式(6-85) 得到

$$\frac{\Delta\psi}{\Delta n_a} = \frac{b_{r1}n_{10}}{\cos\theta_0}\left[1 + \frac{b_{r2}}{b_{r1}}\left(\frac{k_f x_1 - k_d z_r}{k_f x_2 + k_d z_r}\right)\right]\frac{1}{s^2} \qquad (9\text{-}13)$$

将式(9-13) 除以式(5-87) 得到

$$\frac{\Delta\psi}{\Delta\phi} = K_{\psi\phi} \qquad (9\text{-}14)$$

$$K_{\psi\phi} = \frac{b_{r1}(k_f x_2 + k_d z_r) + b_{r2}(k_f x_1 - k_d z_r)}{(b_{p1}\cos\theta_0 + b_{r1}\sin\theta_0)(k_f x_2 + k_d z_r) + (b_{p2}\cos\theta_0 + b_{r2}\sin\theta_0)(k_f x_1 - k_d z_r)}$$

式(9-14) 表明，当输入 Δn_a 后四旋翼飞行器将同时出现滚转和偏航现象。在前面已经分析了，在满足 (5-86) 的条件下，偏航运动将是有利的，即航向将朝着滚转方向变化。

而用式(5-94) 除以式(5-87)，并利用前飞条件 $\alpha_0 = \theta_0$ 后，得到

$$\frac{\Delta\beta}{\Delta\phi} = K_{\beta\phi}\left(\frac{s + b_\beta}{s - a_\beta}\right) \qquad (9\text{-}15)$$

式中，

$$K_{\beta\phi} = \frac{(b_{p1}\sin\theta_0 - b_{r1}\cos\theta_0)(k_f x_2 + k_d z_r) + (b_{p2}\sin\theta_0 - b_{r2}\cos\theta_0)(k_f x_1 - k_d z_r)}{(b_{p1} + b_{r1}\tan\theta_0)(k_f x_2 + k_d z_r) + (b_{p2} + b_{r2}\tan\theta_0)(k_f x_1 - k_d z_r)};$$

$b_\beta = \dfrac{g}{V_0} \times \dfrac{1}{K_{\beta\phi}}$。则将式(9-15) 和式(9-16) 代入 (9-12) 并整理后，得到

$$\frac{\Delta\chi}{\Delta\phi} = K_{\chi\phi}\frac{s + b_\chi}{s - a_\beta} \qquad (9\text{-}16)$$

式中，$K_{\chi\phi} = K_{\psi\phi} + K_{\beta\phi} - \sin\theta_0$；$b_\chi = \dfrac{K_{\beta\phi}b_\beta - a_\beta(K_{\psi\phi} - \sin\theta_0)}{K_{\psi\phi} - \sin\theta_0 + K_{\beta\phi}}$。

式(9-16) 表示了当滚转角变化时，横侧向航迹方位角动力学响应的数学模型，于是再通过式(9-1) 和式(9-2) 就可以建立横侧向轨迹控制系统，如图 9-3 所示。

同样，如果滚转角控制系统的响应足够快或者带宽是轨迹回路的 5 倍以上，那么就可以按照式(9-6)，将滚转角控制系统看成一个静增益为"1"的比例环节。

对于图 9-3 的系统设计问题，第一步是设计内回路即确定 k_{yd}。一般情况下，内回路的响应速度应设计成比外回路要快一些，但在另一方面需要满足其内回路

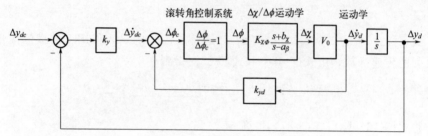

图 9-3　侧滑角不为零的横侧向轨迹控制系统

的带宽小于滚转角控制系统带宽的五分之一或更小。根据这一原则可以按如下方法确定 k_{yd}。

关于偏航速度的内回路的传递函数为

$$\frac{\Delta \dot{y}_d}{\Delta \dot{y}_{dc}} = \frac{V_0 K_{\chi\phi}}{V_0 K_{\chi\phi} k_{yd} + 1} \times \frac{s + b_\chi}{s + \dfrac{V_0 K_{\chi\phi} b_\chi k_{yd} - a_\beta}{V_0 K_{\chi\phi} k_{yd} + 1}} \tag{9-17}$$

从动力学响应的特点来看，式(9-16)是个滞后环节，因此 $b_\chi > -a_\beta$，故而在式(9-17)中频率响应的转折频率为

$$\omega_n \approx \frac{V_0 K_{\chi\phi} b_\chi k_{yd} - a_\beta}{V_0 K_{\chi\phi} k_{yd} + 1} \tag{9-18}$$

假设滚转角控制系统的转折频率为 ω_{nr}，因此需要满足 $\omega_{nr} \geqslant 5\omega_n$，也就是

$$\omega_{nr} > 5 \times \frac{V_0 K_{\chi\phi} b_\chi k_{yd} - a_\beta}{V_0 K_{\chi\phi} k_{yd} + 1} \tag{9-19}$$

根据式(9-19)，就可以确定 k_{yd} 的取值范围。

而若设 $\omega_n = b\omega_{nr}$，$0 < b \leqslant 0.2$，显然这满足 $\omega_{nr} \geqslant 5\omega_n$ 的要求，于是由式(9-19)得到

$$k_{yd} = \frac{-a_\beta - b\omega_{nr}}{V_0 K_{\chi\phi}(b\omega_{nr} - b_\chi)} \tag{9-20}$$

上式中，所选择的 b 必须保证 $k_{yd} > 0$，如果不能满足这个条件，则重新选择 b，并反复执行上述过程，直至满足条件为止。

从 $b_\chi > -a_\beta$ 这一事实来看，必须使 $b\omega_{nr} < -a_\beta$。因此，如果 $b = 0.2$ 时仍不能满足 $k_{yd} > 0$，那么只能重新设计滚转角控制系统，以获得新的、比原来数值要小一些的 ω_{nr}，然后再重复上述过程。

由图 9-3 可知，偏航距外回路的传递函数为

$$\frac{\Delta y_d}{\Delta y_{dc}} = \frac{V_0 K_{\chi\phi} k_y}{V_0 K_{\chi\phi} k_{yd} + 1} \times \frac{s + b_\chi}{s^2 + \dfrac{V_0 K_{\chi\phi} b_\chi k_{yd} - a_\beta + V_0 K_{\chi\phi} k_y}{V_0 K_{\chi\phi} k_{yd} + 1} s + \dfrac{V_0 K_{\chi\phi} k_y b_\chi}{V_0 K_{\chi\phi} k_{yd} + 1}}$$

$$\tag{9-21}$$

式(9-21) 的静增益为 "1"，因此对于阶跃响应是无误差的，其主要原因是在前向通道中含有积分环节。而零点 $s = -b_\chi$ 只对二阶系统（去掉 "$s+b_\chi$" 项后）的超调量有所影响，因此该闭环系统的性能指标主要还是由二阶系统来决定。

对于式(9-21)，可以根据所规定的性能指标（ξ、ω_n）来确定 k_y，同时要对无阻尼自然频率进行检查，确认其可否满足

$$5\sqrt{\frac{V_0 K_{\chi\phi} k_y b_\chi}{V_0 K_{\chi\phi} k_{yd} + 1}} < \omega_{nr} \tag{9-22}$$

的条件。基本的方法是在满足式(9-22) 的 k_y 取值范围内，确定最佳 ξ 所对应的 k_y。显然，选取适当的 k_{yd} 也是其前提条件之一。

在另一方面，k_y 也可以通过下述开环传递函数绘制根轨迹图来确定。偏航距回路的开环传递函数为

$$\frac{\Delta y_d}{\Delta e_y} = \frac{V_0 K_{\chi\phi} k_y}{V_0 K_{\chi\phi} k_{yd} + 1} \times \frac{s + b_\chi}{s^2 + \dfrac{V_0 K_{\chi\phi} b_\chi k_{yd} - a_\beta}{V_0 K_{\chi\phi} k_{yd} + 1} s} \tag{9-23}$$

由于 $b_\chi > -a_\beta$，因此，开环零点 $s = -b_\chi$ 位于两个开环实极点的左侧，其根轨迹如图 9-4 所示。由该图可知，当 k_y 增大到一定数值后，将出现两个闭环系统的复极点，可通过检查这两个复极点是否满足所需的响应性能（ξ、ω_n）来确定 k_y。

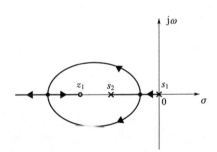

图 9-4　偏航距回路 k_y 变化时的根轨迹图

注意，k_{yd} 也会影响到根轨迹。如果根轨迹不符合要求，那么就需要通过重新设计 k_{yd}，来调整式(9-23)中那个非零极点的位置，然后反复其过程，直至得到满意的闭环极点为止。

第**10**章
悬停控制

10.1
悬停控制问题和实现方法

　　能在空中悬停是旋翼飞行器的主要特征之一，因此空中悬停是旋翼飞行器的一个重要的飞行状态。所谓悬停，就是依靠旋翼旋转所产生的升力与重力平衡，从而实现在空中的某一位置处进行悬停，并保持不动。

　　对于多旋翼飞行器来说，如果旋翼升力不对称或者旋翼安装并不能做到严格一致，那么旋翼飞行器要实现在空中悬停，就需要由飞行控制系统来配合工作。

　　那么悬停的实现，一方面需要通过高度控制系统将四旋翼飞行器稳定在一定的高度上，另一方面还要通过其他控制系统来保证其不出现对悬停点的水平移动或仅仅允许有小量的移动。

　　由于高度控制系统在第 7 章已有阐述，因此本章主要研究对四旋翼飞行器水平移动的控制问题。

10.2
基于姿态角控制系统的悬停控制

　　若采用姿态角控制系统来实现悬停，那么只要将飞行器严格控制在水平状态就能达成，因而可以按下述方式实施：

　　① 俯仰角控制系统的输入指令应为 $\Delta\theta_c = 0$，即保持悬停平衡俯仰角不变；

　　② 滚转角控制系统的输入指令应为 $\Delta\phi_c = 0$，即保持悬停平衡滚转角不变；

　　③ 航向角控制系统应实施航向保持控制或者按输入指令的航向控制；

　　④ 高度保持控制系统始终配合工作。

　　而事实上，通过上述姿态角控制来实现悬停是有前提的，即四旋翼飞行器应该具有自然平衡或配平的能力，这就需要各个旋翼的升力方向严格地垂直于机体坐标系的 $O_b x_b y_b$ 平面，同时各个旋翼在同一转速下升力必须相等。事实上，要在旋翼飞行器的制造过程中做到这两点是有困难的，而就直升机来说，为实现悬停平衡，驾驶员需要不断地进行修正操纵[14,15]，那么对多旋翼飞行器来说也是如此。

所以，上述通过将姿态控制为水平来实现悬停的方案并不可行，而唯一的办法就是操纵者根据所观察到的飞行器运动的变化，不断地给出姿态修正指令，才能实现悬停，同时应辅以高度保持的自动控制，以减轻操纵者的工作负担。

10.3
使用位移速度控制系统的悬停控制

由于制造误差的原因，悬停的自然平衡非常困难，此时飞行器若在高度保持控制作用下，其所表现出来的运动形式就是在水平面上的移动或漂移运动。

因此，对这种移动或漂移的速度进行控制，并使之为零，就可以实现在空中悬停。从动力学而言，也就是采用控制俯仰角和滚转角的改变，来产生与自然漂移相反的移动来抑制其漂移速度或使其为零，这样就可以使得飞行器停留在空中的某一位置处而实现自动悬停，而显然悬停的位置则是任意的。自动悬停控制由以下的控制方案来实现：

① 对速度 Δu 的控制，通过控制俯仰角来实现，并始终实施使 $\Delta u = 0$ 的控制；

② 对速度 Δv 的控制，通过控制滚转角来实现，并始终实施使 $\Delta v = 0$ 的控制；

③ 航向保持控制或按操纵指令控制；

④ 高度保持控制。

速度控制系统仍是以俯仰角或滚转角控制系统为内回路，以速度反馈作为外回路来建立的。

由式(5-7) 的第一式和第二式，即可得到其传递函数形式的俯仰角和滚转角与 Δu 和 Δv 的关系：

$$\Delta u = -\frac{g}{s}\Delta\theta \tag{10-1}$$

$$\Delta v = \frac{g}{s}\Delta\phi \tag{10-2}$$

注意，式中速度的正负符号仅表示速度的方向，而非大小。而速度方向则是以机体坐标系作为参考而定义的。

从式(10-1) 和式(10-2) 可以看出，速度变化是落后于姿态角变化的，因此作为内回路的俯仰角和滚转角控制系统可以采用类似的处理方法，即将其看作静增益为"1"的环节而忽略其动态过程，这样就可以采用类似于姿态角速度控制系统的控制律结构［式(6-6)］。

图 10-1 和图 10-2 分别为 Δu 和 Δv 速度控制系统，其输入的悬停控制指令是唯一的，即 $\Delta u_c = 0$ 和 $\Delta v_c = 0$。

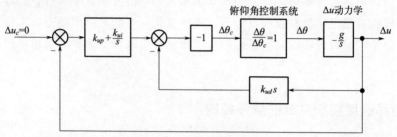

图 10-1　Δu 速度控制系统

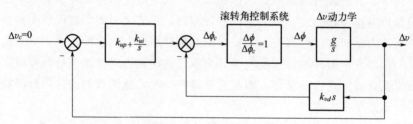

图 10-2　Δv 速度控制系统

在图 10-1 中，控制律环节的后面增加了增益为"−1"的环节，这是为了将控制极性反向，以使得前向通道的传递函数全为正，确保 Δu 是负反馈的。

从图 10-1 可以得到关于 Δu 的控制律为

$$\Delta \theta_c = -\left(k_{up} + \frac{k_{ui}}{s}\right)(\Delta u_c - \Delta u) + k_{ud} s \Delta u \tag{10-3}$$

在式(10-3) 的控制律下，其闭环传递函数为

$$\frac{\Delta u}{\Delta u_c} = \frac{\dfrac{k_{up} g}{1 + k_{ud} g}\left(s + \dfrac{k_{ui}}{k_{up}}\right)}{s^2 + \dfrac{k_{up} g}{1 + k_{ud} g} s + \dfrac{k_{ui} g}{1 + k_{ud} g}} \tag{10-4}$$

式(10-4) 成立的前提是

$$\omega_{np} > 5 \sqrt{\frac{k_{ui} g}{1 + k_{ud} g}} \tag{10-5}$$

式中，ω_{np} 是俯仰角控制系统的无阻尼自然频率。对于式(10-3) 中的控制律参数，其选择方法与姿态角速度控制系统控制律参数的选择方法是类似的，但

还需满足式(10-5) 要求。

同样，若满足 $k_{ud}g \gg 1$ 的条件，则速度响应与飞行器动力学无关，即式(10-4)简化为

$$\frac{\Delta u}{\Delta u_c} = \frac{\dfrac{k_{up}}{k_{ud}}\left(s + \dfrac{k_{ui}}{k_{up}}\right)}{s^2 + \dfrac{k_{up}}{k_{ud}}s + \dfrac{k_{ui}}{k_{ud}}} \tag{10-6}$$

关于式(10-6) 的有关结论也与姿态角速度控制系统类似，此处不做赘述了。

同样，对于图 10-2 的 Δv 速度控制系统，其内回路是滚转角控制系统，外回路的构造与 Δu 速度控制系统是类似的，其控制律为

$$\Delta \phi_c = \left(k_{vp} + \frac{k_{vi}}{s}\right)(\Delta v_c - \Delta v) - k_{vd} s \Delta v \tag{10-7}$$

式(10-7) 中的参数选择与上述方法是类似的。

一般来说，关于速度回路的响应模型，式(10-4) 给出如下建议的特征方程形式：$s^2 + 1.12s + 0.303 = 0$。其调节时间大约为 4s，上升时间为 3s。

由于内回路是俯仰角和滚转角控制系统，因此关于将 Δn_e 和 Δn_a 的控制信息分配到四个旋翼电机的方法与俯仰角和滚转角控制系统是相同的。

Δu 和 Δv 可以通过安装在机体轴上的惯性传感器得到，也包括了关于 $\Delta \dot{u}$ 和 $\Delta \dot{v}$ 的加速度信息。如果直接使用惯性传感器输出的 $\Delta \dot{u}$ 和 $\Delta \dot{v}$，那么在式(10-3) 和式(10-7) 中就可以避免对 Δu 和 Δv 的微分运算了。

而对于式(10-3) 和式(10-7) 的另一种工程实现方式，可以依据式(5-10) 的结果来得到，分别为

$$\Delta \theta_c = \left(k_{up} + \frac{k_{ui}}{s}\right)(\Delta u_c - \Delta \dot{x}_e) + k_{ud} \Delta \ddot{x}_e \tag{10-8}$$

$$\Delta \phi_c = \left(k_{vp} + \frac{k_{vi}}{s}\right)(\Delta v_c - \Delta \dot{y}_e) - k_{vd} \Delta \ddot{y}_e \tag{10-9}$$

在以上两式中，$\dot{x}_e$、$\Delta \dot{y}_e$ 和 $\Delta \ddot{x}_e$、$\Delta \ddot{y}_e$ 可以通过 GPS 或惯性导航设备测量得到。

对于不对称布局的四旋翼飞行器来说，在通过滚转角进行 Δv 控制时会产生航向的耦合响应，也就是在滚转角发生变化的同时也会产生向着滚转方向进行偏航的航向运动。其主要原因是在操纵滚转角时需要保持俯仰角保持不变，从而引起同一侧两个旋翼（用于操纵滚转运动）转速不对称，所产生的转矩不平衡导致了偏航运动。

10.4
在确定位置处的悬停控制

所谓确定位置，指的是希望或计划的悬停位置，就是操纵者规划了一个悬停位置后，通过控制系统使四旋翼飞行器能自动并维持在该位置处进行悬停，也称为定点悬停控制问题。在该问题中还包括了高度保持控制，这里仅研究水平位置控制。

由式(5-10) 就得到了关于对确定点（x_{e0}，y_{e0}）偏差（Δx_e，Δy_e）的运动学方程为

$$\Delta x_e = \frac{1}{s}\Delta u \tag{10-10}$$

$$\Delta y_e = \frac{1}{s}\Delta v \tag{10-11}$$

同样，对于 Δx_e 和 Δy_e 的控制而言，若要维持在确定点（x_{e0}，y_{e0}）进行悬停，那么控制的目标就是使 $\Delta x_e = 0$ 和 $\Delta y_e = 0$。

因此，对确定位置的悬停控制可以采用以下方案：
① 采用俯仰角控制系统，进行 $\Delta x_e = 0$ 的控制；
② 使用滚转角控制系统，进行 $\Delta y_e = 0$ 的控制；
③ 高度控制系统需配合上述控制。

根据上述方案，对于 Δx_e 和 Δy_e 控制系统的构造来说，仍是将俯仰角和滚转角控制系统作为内回路，而外回路由两部分组成：一部分回路是关于 $\Delta \dot{x}_e$、$\Delta \dot{y}_e$ 的反馈，且反馈增益设计在反馈回路上；另一部分回路则是关于 Δx_e 和 Δy_e 的单位负反馈。

按式(5-10)，$\Delta u = \Delta \dot{x}_e$，$\Delta v = \Delta \dot{y}_e$，因此可以将式(10-1) 和式(10-2) 写为

$$\Delta \dot{x}_e = -\frac{g}{s}\Delta \theta \tag{10-12}$$

$$\Delta \dot{y}_e = \frac{g}{s}\Delta \phi \tag{10-13}$$

所以在确定位置进行悬停控制的控制系统如图 10-3 和图 10-4 所示，在对确定位置进行跟踪控制时，有 $\Delta x_{ec} = 0$ 和 $\Delta y_{ec} = 0$。

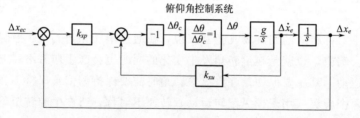

图 10-3 Δx_e 位置控制系统

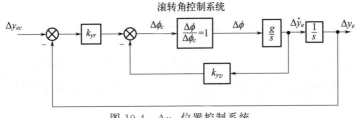

图 10-4　Δy_e 位置控制系统

由图 10-3 和图 10-4 得到控制律为

$$\Delta \theta_c = -k_{xp}(\Delta x_{ec} - \Delta x_e) + k_{xu}\Delta \dot{x}_e \tag{10-14}$$

$$\Delta \phi_c = k_{yr}(\Delta y_{ec} - \Delta y_e) - k_{yv}\Delta \dot{y}_e \tag{10-15}$$

将 $\Delta \theta_c$ 和 $\Delta \phi_c$ 代入式（6-25）和式（6-30）中，就得到了关于旋翼转速的控制指令 Δn_{ec} 和 Δn_{ac}，而关于将 Δn_{ec} 和 Δn_{ac} 控制信息分配到四个旋翼转速的方法与俯仰角和滚转角控制系统是一致的。

如果定点悬停控制是飞行计划所预先确定的，那么悬停地点的位置（经度和纬度）将被设定好，当四旋翼飞行器飞到该地点后，飞行控制系统将自动转换为定点悬停控制。在上述情况下，由于飞行器的位置是通过 GPS 或其他导航设备测量得到，那么就需要将 GPS 测量得到的位置误差 Δx_s 和 Δy_s（希望悬停位置和实际位置的误差）以及 $\Delta \dot{x}_s$、$\Delta \dot{y}_s$，通过以地理北为基准的航向角 ψ_N（顺时针旋转为正）投影到机体坐标系的方向上，以得到 $\Delta \dot{x}_e$、$\Delta \dot{y}_e$、Δx_e、Δy_e。

若上述方法确定偏离悬停点的位置，则悬停控制指令为 $\Delta x_{ec}=0$ 和 $\Delta y_{ec}=0$ 以及高度保持控制。

如果定点悬停控制是由操纵者根据具体情况而现场决定，那么就无须采用上述的位置转换方法，而只需用式（10-10）和式（10-11）所阐述的方法。

由该方法可以看出，其悬停点即定点悬停控制系统开始作用时（亦是操纵者发出定点悬停控制指令后的瞬间）四旋翼飞行器所处的位置，从坐标轴上来看也是坐标原点，那么定点悬停控制指令应为 $\Delta x_{ec}=0$ 和 $\Delta y_{ec}=0$ 以及高度保持控制。如此，只要四旋翼飞行器偏离出该点，则定点悬停控制系统根据指令自动控制飞行器使它飞回到原点悬停。

综上所述，无论是按飞行计划设定悬停地点的悬停控制，还是按操纵者指令进行的实时悬停控制，对于按位置的悬停控制来说，其控制指令均为 $\Delta x_{ec}=0$ 和 $\Delta y_{ec}=0$。

关于图 10-3 和图 10-4 的位置控制系统的设计方法是类似的，因此以图 10-3 的 Δx_e 位置控制系统设计来说明。

若内回路俯仰角控制系统的带宽大于外回路带宽的 5 倍以上时，那么可以近似将俯仰角控制系统作为一个增益为"1"的环节而忽略其动态过程。于是在

式(10-14)作用下，按图 10-3 得到闭环传递函数为

$$\frac{\Delta x_e}{\Delta x_{ec}} = \frac{k_{xp}g}{s^2 + k_{xu}gs + k_{xp}g} \tag{10-16}$$

式(10-16)是标准二阶传递函数形式。k_{xp} 需要满足条件 $\omega_{np} > 5\sqrt{k_{xp}g}$，$\omega_{np}$ 是俯仰角控制系统的无阻尼自然频率。于是得到 k_{xp} 的取值范围，即

$$k_{xp} < \frac{\omega_{np}^2}{25g} \tag{10-17}$$

当 k_{xp} 确定后，若将二阶系统的阻尼比选定为 ξ_d，则

$$k_{xu} = 2\xi_d \sqrt{\frac{k_{xp}}{g}} \tag{10-18}$$

式(10-17)和式(10-18)的结果作为初步设计的参数选择是可行的，但需要通过全面运动方程的数学仿真后才能够最后确定。

当然，在设计中也可以将俯仰角控制系统的动态响应包含进去一并考虑，即在具有俯仰角控制系统传递函数的条件下来确定控制律参数，其设计可以通过根轨迹等方法来进行，并按照先内回路后外回路的原则来确定 k_{xu} 及 k_{xp} [16]。

10.5
设计与仿真实例：悬停控制系统

实例四旋翼飞行器数据和悬停运动方程分别参考本书附录 A 和附录 B。在建模过程中需要注意的是，小扰动线性化运动方程是增量方程，非线性运动方程是全量方程。对四旋翼飞行器非线性运动方程进行控制律设计时需要把平衡点（参考附录 B.2）考虑进去。

10.5.1　基于姿态控制的悬停控制系统设计与数学仿真

（1）俯仰控制律参数设计

姿态角速度控制律参考式(6-6)，在控制律参数 $k_d = 0.1$ 的情况下，由俯仰姿态对输入 Δn_e 的传递函数［见附录中式(B-15)］得到 $K = 0.3261$，代入式(6-11)得到 $k_p = 15.2$，$k_i = 28.5$。姿态角控制律参考式(6-17)，通过根轨迹法确定控制律参数 $k_\theta = 2.3$。

（2）滚转控制律参数设计

姿态角速度控制律参考式(6-6)，在控制律参数 $k_d = 0.1$ 的情况下，由滚转姿态对输入 Δn_a 的传递函数［见附录中式(B-22)］得到 $K = 0.4594$，代入式(6-11)得到 $k_p = 10.93$，$k_i = 20.49$。姿态角控制律参考式(6-17)，通过根轨

迹法确定控制律参数 $k_\theta=2.3$。

(3) 航向控制律参数设计

姿态角速度控制律参考式(6-6)，在控制律参数 $k_d=0.1$ 的情况下，由航向姿态对输入 Δn_r 的传递函数 [见附录中式(B-27)] 得到 $K=0.0179$，选取 $s^2+1.12s+0.49=0$ 作为偏航角速度响应模型的特征方程，根据式(6-7) 计算得到 $k_p=62.51$，$k_i=27.35$。姿态角控制律参考式(6-17)，通过根轨迹法确定控制律参数 $k_\theta=2.3$。

(4) 数学仿真设计

完成姿态控制律参数设计后，需要对基于姿态控制的悬停控制系统进行数学仿真，以检查其动态和稳态性能能否满足设计要求。数学仿真要求：

① 在系统运行到 10s 时，四旋翼飞行器受到使其俯仰低头的 1.25N·m 常值力矩的作用；且在 30s 时，又受到使其向右滚转的 1.2N·m 常值力矩的作用。

② 1.25N·m 常值俯仰扰动力矩，在仿真时是转化为常值扰动转速来实现的，具体来说就是在四旋翼飞行器动力学模型的 n_3 和 n_4 转速输入端各自叠加上约 5r/s 的阶跃输入。

③ 1.2N·m 常值滚转扰动力矩，则是在 n_1 转速输入端叠加上约 5r/s 的阶跃输入。

④ 在各种悬停控制中，高度控制系统始终进行高度保持控制，且控制律参数（见图 7-3）分别为：$k_{vp}=12.62$，$k_{vi}=8.41$，$k_{vd}=0.1$ 和 $k_H=1.2$。

在上述仿真条件下，对比四旋翼飞行器在线性化数学模型和非线性数学模型下的响应，观察系统受到扰动后能否回到悬停的状态。

(5) 数学仿真过程和结果分析

根据仿真要求，可以建立数学仿真用的方框图，俯仰、滚转、偏航三个姿态角控制回路的 Simulink 数学仿真方框图如图 10-5 所示，不同姿态角控制系统中四个电机的分配律参考 6.2.3 节。系统输入指令为 $\Delta\theta_c=0$，$\Delta\phi_c=0$，$\Delta\psi_c=0$

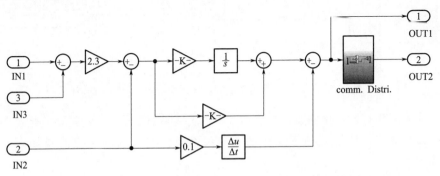

图 10-5　姿态角控制回路 Simulink 数学仿真方框图

IN1—姿态角输入量 $\Delta\Theta_c$；IN2—姿态角速度 $\Delta\Omega$；IN3—姿态角 $\Delta\Theta$；OUT1—电机转速 Δn_c；

OUT2—四个电机转速 Δn_1、Δn_2、Δn_3、Δn_4

以及 $\Delta H_c = 0$。

图中的指令分配环节（comm. Distri.）完全是按第 3 章的操纵方式以及本章的指令分配原理进行设计的，是由"Switch"函数所实现的逻辑模块。

在上述初始条件下，四旋翼飞行器在悬停状态下分别受到俯仰和滚转方向的小扰动，仿真时间为 60s。

四旋翼飞行器受到的常值扰动和线性模型输入量的响应曲线如图 10-6 所示。

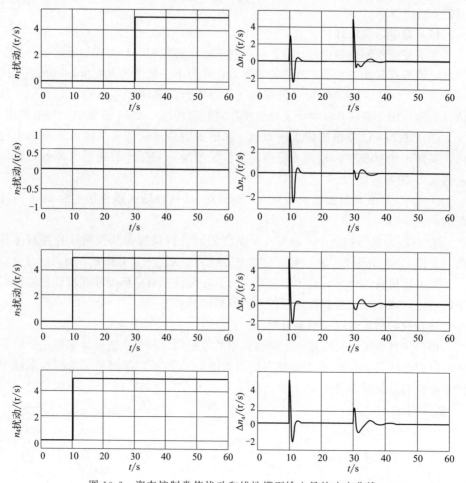

图 10-6　姿态控制常值扰动和线性模型输入量的响应曲线

四旋翼飞行器小扰动线性化模型数学仿真结果如图 10-7 和图 10-8 所示。

四旋翼飞行器受到的常值扰动和非线性模型输入量的响应曲线如图 10-9 所示。

四旋翼飞行器非线性模型数学仿真结果如图 10-10 和图 10-11 所示。

仿真结果分析：

① 两种模型下的仿真结果基本一致，说明小扰动线性化运动方程的合理性，

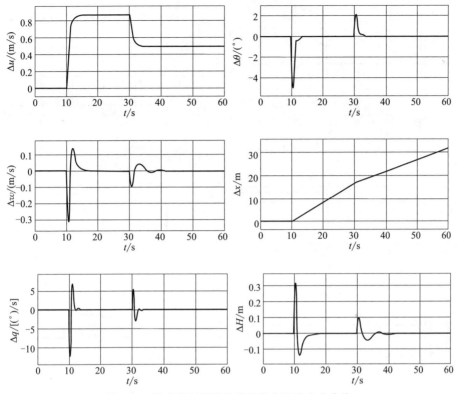

图 10-7　姿态控制线性化模型纵向运动响应曲线

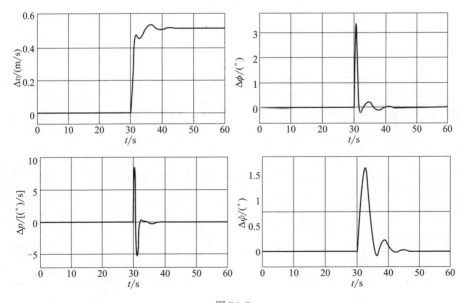

图 10-8

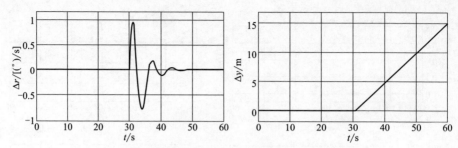

图 10-8　姿态控制线性化模型横侧向运动响应曲线

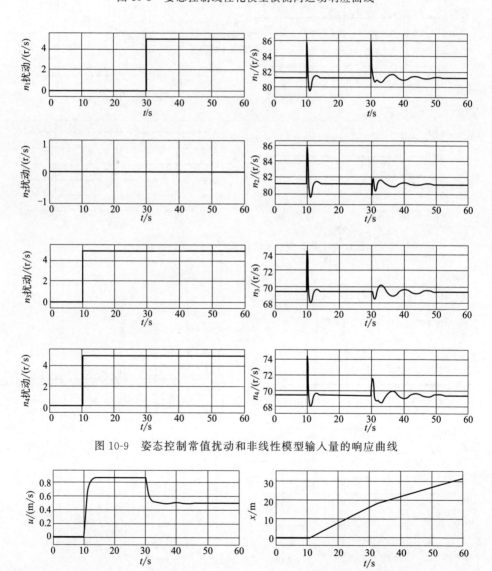

图 10-9　姿态控制常值扰动和非线性模型输入量的响应曲线

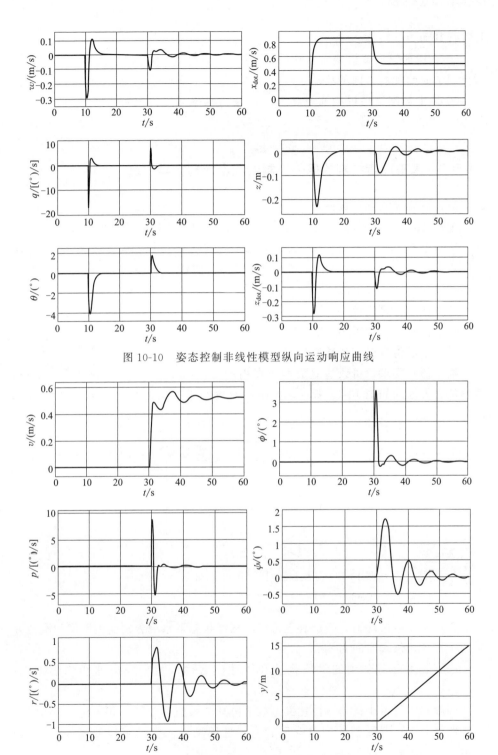

图 10-10　姿态控制非线性模型纵向运动响应曲线

图 10-11　姿态控制非线性模型横侧向运动响应曲线

且符合其动力学特性。

② 在遭遇纵向或横侧向扰动后，四旋翼飞行器将不能保持悬停的状态，同时出现了向前和右方向的移动。

③ 以上数字结果说明通过将姿态控制为水平来实现悬停的方案并不可行，与 10.2 节的结论一致。

10.5.2 基于速度控制的悬停控制系统设计与数学仿真

（1）速度控制律参数设计

关于 Δu、Δv 的控制律分别参考式(10-3)、式(10-7)，式中的控制律参数选择方法与姿态角速度控制系统控制律参数的选择方法类似。假设 $k_{ud}=0.01$，通过计算得到 $k_{up}=0.126$，$k_{ui}=0.034$。同样，假设 $k_{vd}=0.01$，通过计算得到 $k_{vp}=0.126$，$k_{vi}=0.034$。

（2）数学仿真设计

数学仿真设计参考 10.5.1 节。

（3）数学仿真过程和结果分析

根据仿真要求，可以建立数学仿真用的 Δu、Δv 速度控制回路的 Simulink 数学仿真方框图如图 10-12 所示，控制律参数参考 10.5.2 节。系统输入指令为 $\Delta u_c=0$，$\Delta v_c=0$，$\Delta \psi_c=0$，$\Delta H_c=0$。

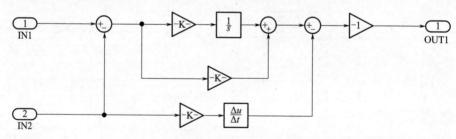

图 10-12　速度控制回路 Simulink 数学仿真方框图

IN1—$\Delta u_c/\Delta v_c$；IN2—$\Delta u/\Delta v$；OUT1—$\Delta \theta_c/\Delta \phi_c$

在上述初始条件下，四旋翼飞行器在悬停状态下系统分别受到俯仰和滚转方向的小扰动，仿真时间为 60s。

四旋翼飞行器受到的常值扰动和线性模型输入量的响应曲线如图 10-13 所示。

四旋翼飞行器小扰动线性化模型数学仿真结果如图 10-14 和图 10-15 所示。

四旋翼飞行器受到的常值扰动和非线性模型输入量的响应曲线如图 10-16 所示。

四旋翼飞行器非线性数学模型数学仿真结果如图 10-17 和图 10-18 所示。

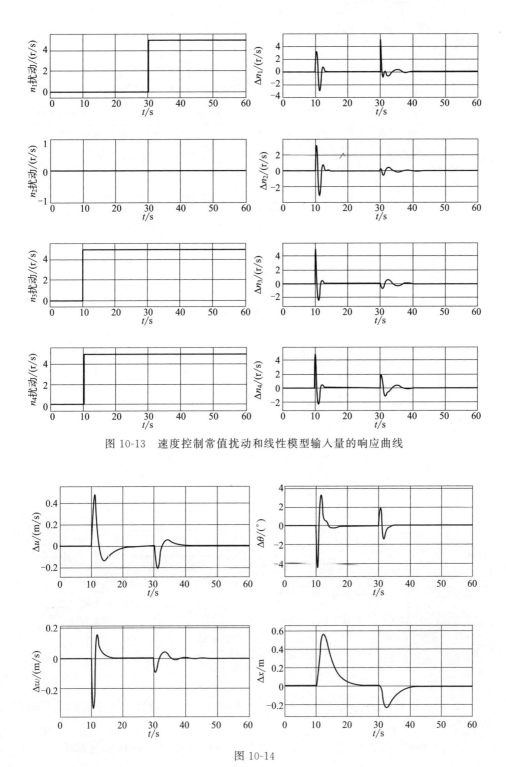

图 10-13　速度控制常值扰动和线性模型输入量的响应曲线

图 10-14

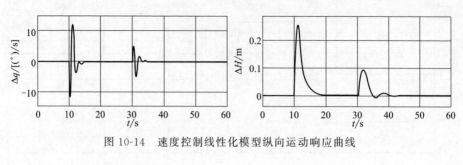

图 10-14　速度控制线性化模型纵向运动响应曲线

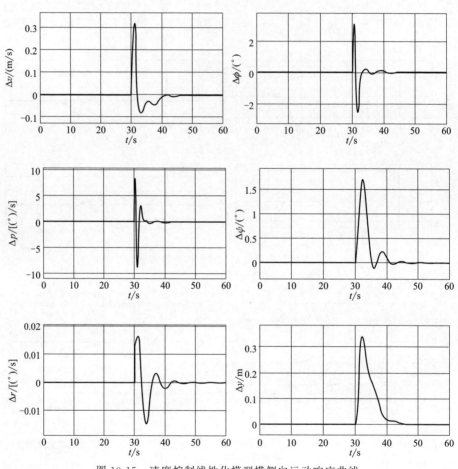

图 10-15　速度控制线性化模型横侧向运动响应曲线

仿真结果分析：

① 两种模型下的仿真结果基本一致，说明小扰动线性化运动方程的合理性，且符合其动力学特性。

② 在遭遇纵向或横侧向扰动后，四旋翼飞行器经过了短暂的扰动响应后回

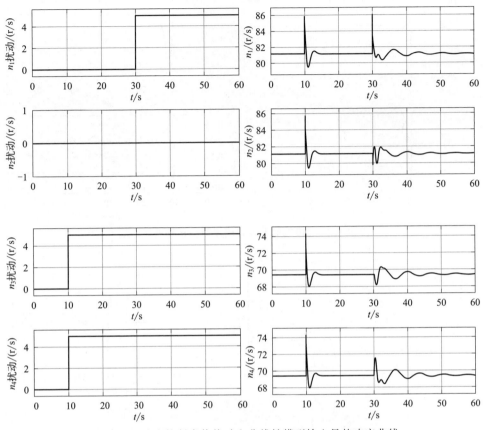

图 10-16 速度控制常值扰动和非线性模型输入量的响应曲线

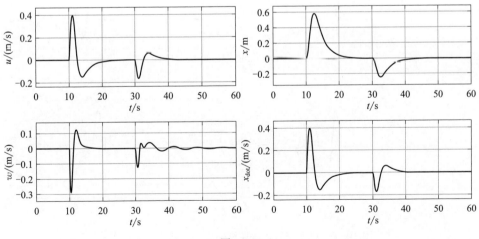

图 10-17

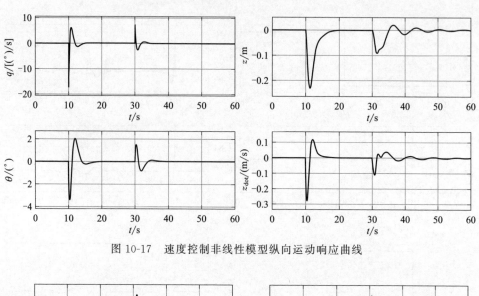

图 10-17　速度控制非线性模型纵向运动响应曲线

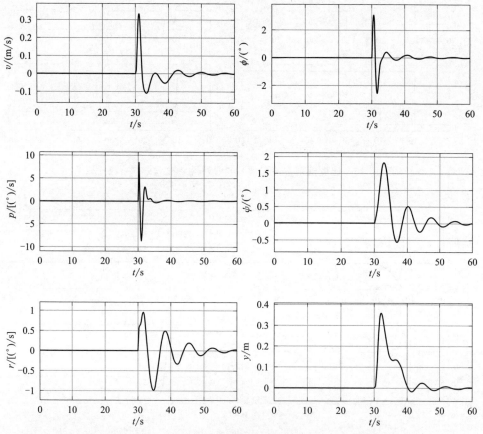

图 10-18　速度控制非线性模型横侧向运动响应曲线

到了悬停状态。

③ 以上数字结果说明通过将速度控制为零来实现悬停的方案可行。

10.5.3　定点悬停控制系统设计与数学仿真

（1）定点控制律参数设计

关于 Δx_e、Δy_e 的控制律分别参考式（10-14）、式（10-15），式中的控制律参数通过根轨迹方法进行选择，并按照先内回路后外回路的原则来确定各个参数。其中，$k_{xp}=k_{yr}=0.0255$，$k_{xu}=k_{yr}=0.0816$。

（2）数学仿真设计

数学仿真设计参考 10.5.1 节。

（3）数学仿真过程和结果分析

根据仿真要求，可以建立数学仿真用的 Δx_e、Δy_e 定点悬停控制回路的 Simulink 数学仿真方框图如图 10-19 所示，控制律参数参考 10.5.2 节。系统输入指令为 $\Delta x_{ec}=0$，$\Delta y_{ec}=0$，$\Delta \psi_c=0$，$\Delta H_c=0$。

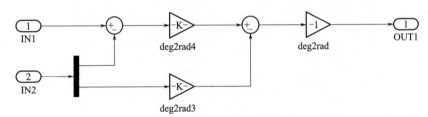

图 10-19　定点悬停控制回路 Simulink 数学仿真方框图

图 10-19 若为 Δx_e 控制回路，则：IN1 输入的是 Δx_{ec} 指令，IN2-1 输入的是 Δx_e 反馈，IN2-2 输入的是 $\Delta \dot{x}_e$ 反馈，OUT1 输出的是 $\Delta \theta_c$，即俯仰角指令。图 10-19 若为 Δy_e 控制回路，则：IN1 输入的是 Δy_{ec} 指令，IN2-1 输入的是 Δy_e 反馈，IN2-2 输入的是 $\Delta \dot{y}_e$ 反馈，OUT1 输出的是 $\Delta \phi_c$，即滚转角指令。

在上述初始条件下，四旋翼飞行器在悬停状态下系统分别受到俯仰和滚转方向的小扰动，仿真时间为 60s。

四旋翼飞行器受到的常值扰动和线性模型输入量的响应曲线如图 10-20 所示。

四旋翼飞行器小扰动线性化模型数学仿真结果如图 10-21 和图 10-22 所示。

四旋翼飞行器受到的常值扰动和非线性模型输入量的响应曲线如图 10-23 所示。

四旋翼飞行器非线性数学模型数学仿真结果如图 10-24 和图 10-25 所示。

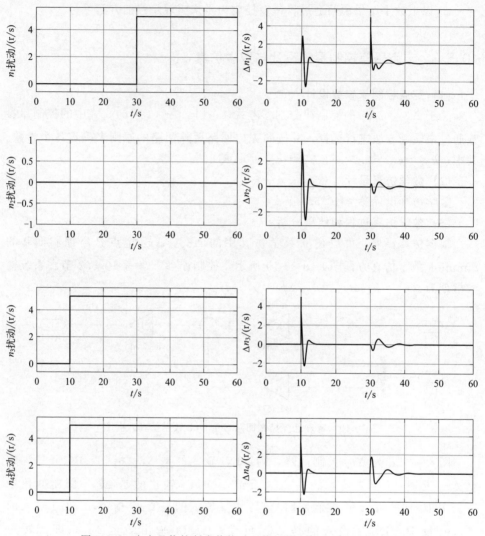

图 10-20   定点悬停控制常值扰动和线性模型输入量的响应曲线

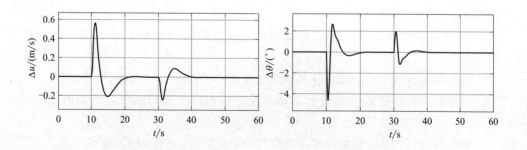

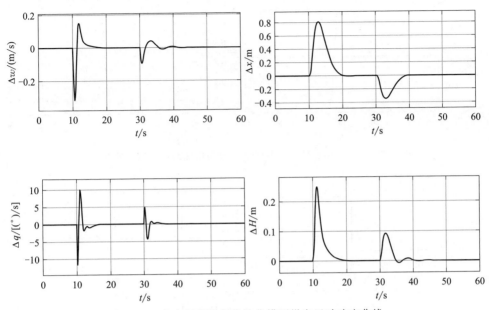

图 10-21　定点悬停控制线性化模型纵向运动响应曲线

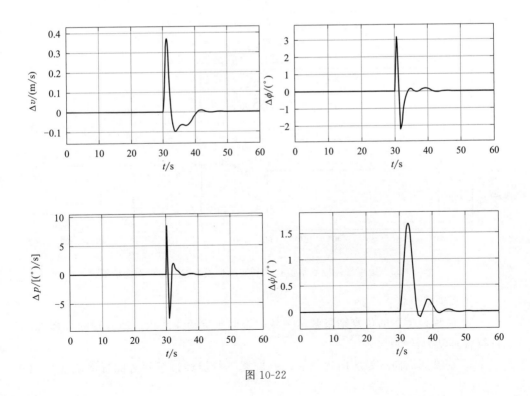

图 10-22

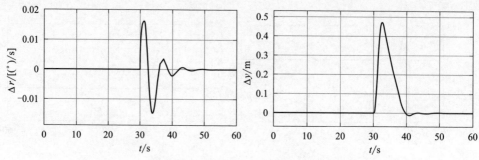

图 10-22　定点悬停控制线性化模型横侧向运动响应曲线

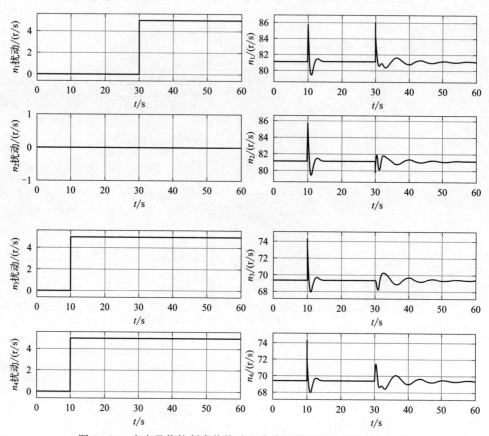

图 10-23　定点悬停控制常值扰动和非线性模型输入量的响应曲线

仿真结果分析：

① 两种模型下的仿真结果基本一致，说明小扰动线性化运动方程的合理性，且符合其动力学特性。

② 在遭遇纵向或横侧向扰动后，四旋翼飞行器经过了短暂的扰动响应后回

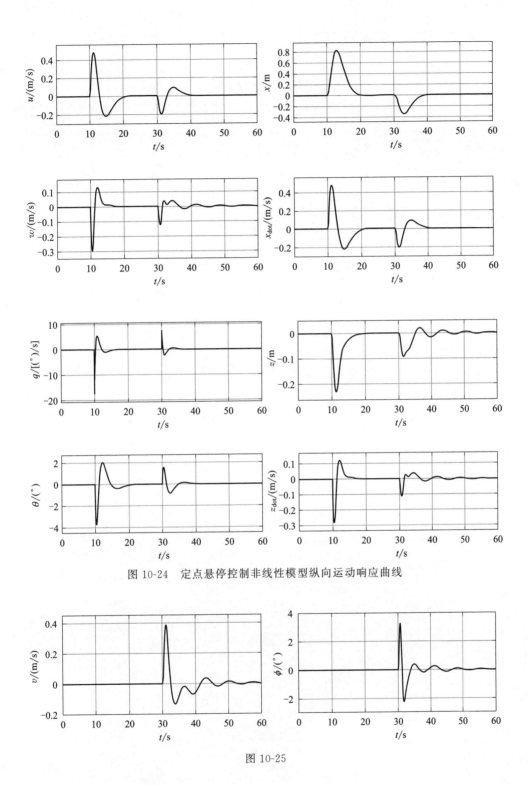

图 10-24　定点悬停控制非线性模型纵向运动响应曲线

图 10-25

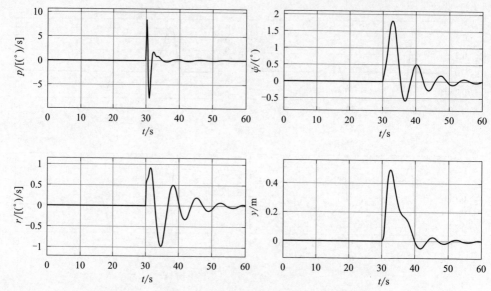

图 10-25 定点悬停控制非线性模型横侧向运动响应曲线

到了原来的悬停位置。

③ 以上仿真结果说明通过定点控制来实现悬停的方案可行。当然与采用速度控制实现悬停的方案相比,扰动对飞行器位置所形成的偏差会更小一些,这主要是由于对速度控制的响应速度要快于对位置控制的响应速度。

参考文献

[1] （美）基蒙·P. 瓦拉瓦尼斯，（美）乔治·J. 瓦克塞万诺斯 . 无人机手册（第 1 卷）［M］. 樊邦奎，译 . 北京：国防工业出版社，2020.

[2] （法）弗兰克·卡扎乌朗（Franck Cazaurang），（美）凯莉·科恩（Kelly Cohen），（美）曼尼斯·库玛（Manish Kumar）. 多旋翼无人机系统：理论、算例和硬件实验［M］. 李德栋，李鹏，译 . 北京：机械工业出版社，2022.

[3] （加）阿夫德斯塞米德，（加）塔伊布 . 垂直起降无人机的运动协调：姿态同步与编队控制［M］. 都基焱，王金根，崔文华，译 . 北京：国防工业出版社，2015.

[4] 帕斯夸尔·马克斯，张博勋，李东宸，等 . 先进无人机空气动力学、飞行稳定性与飞行控制［M］. 北京：机械工业出版社，2019.

[5] 杨森，苏立军 . 四旋翼无人机自主控制技术［M］. 北京：北京理工大学出版社，2022.

[6] 彭程，白越，田彦涛 . 多旋翼无人机系统与应用［M］. 北京：化学工业出版社，2020.

[7] 陈阳，梁建宏 . 多旋翼无人机设计［M］. 北京：北京航空航天大学出版社，2018.

[8] 全权 . 多旋翼飞行器设计与控制［M］. 北京：电子工业出版社，2018.

[9] 符长青，曹兵 . 多旋翼无人机技术基础［M］. 北京：清华大学出版社，2017.

[10] 谭建豪，王耀南 . 旋翼无人机的建模、规划和控制［M］. 长沙：湖南大学出版社，2019.

[11] 唐成凯，张玲玲 . 四旋翼无人机集群协同关键技术［M］. 西安：西北工业大学出版社，2021.

[12] 周洲 . 话说无人飞行器［M］. 西安：西北工业大学出版社，2021.

[13] 胡兆丰 . 飞行动力学：飞机的稳定性和操纵性［M］. 北京：国防工业出版社，1985.

[14] R. W. 普劳蒂 . 直升机性能及稳定性和操纵性［M］. 高正，等译 . 北京：航空工业出版社，1990.

[15] W. 约翰逊 . 直升机理论［M］. 孙如林，译 . 北京：航空工业出版社，1991.

[16] 徐军 . 飞机自动飞行控制系统［M］. 北京：北京理工大学出版社，2020.

[17] 吉恩·F. 富兰克林 . 动态系统的反馈控制 . 原书第 7 版［M］. 刘建昌，等译 . 北京：机械工业出版社，2016.

[18] 徐军，杨亚炜 . 飞机电传操纵系统［M］. 北京：北京理工大学出版社，2018.

[19] 沈如松，陈芊月 . 无人机空气动力学［M］. 北京：北京航空航天大学出版社，2022.

[20] 刘沛清 . 空气螺旋桨理论及其应用［M］. 北京：北京航空航天大学出版社，2006.

[21] 刘沛清，陆维爽 . 无人机总体气动设计［M］. 北京：北京航空航天大学出版社，2020.

[22] Etkin B E，Reid L D. Dynamics of Flight Stability and Control［M］. John Wiley & Sons，1996.

[23] （荷）艾德·奥波特 . 运输类飞机的空气动力设计［M］. 顾诵芬，吴兴世，杨新军，译 . 上海：上海交通大学出版社，2010.

[24] （美）Robert C. Nelson. 飞行稳定性和自动控制［M］. 顾均晓，译 . 北京：国防工业出版社，2008.

[25] 斯诺里·古德蒙森 . 通用航空飞机设计：应用方法和设计流程［M］. 王晓璐，等译 . 北京：航空工业出版社，2019.

[26] 兰德尔·W. 比尔德，蒂莫西·W. 麦克莱恩 . 小型无人机理论与应用［M］. 王强，沈自才，伍政华，译 . 北京：国防工业出版社，2017.

[27] 吴成富，程鹏飞，闫冰 . 无人机飞行控制与自主飞行［M］. 西安：西北工业大学出版社，2020.

[28] 徐军 . 飞行控制系统：设计、原型系统及半物理仿真实验［M］. 北京：北京理工大学出版社，2015.

[29] 徐军，欧阳绍修 . 运输类飞机自动飞行控制系统［M］. 北京：国防工业出版社，2013.

[30] 鲁道夫·布罗克豪斯 . 飞行控制［M］. 金长江，译 . 北京：国防工业出版社，1999.

[31] （美）尾形克彦 . 现代控制工程［M］. 卢伯英，于海勋，等译 . 4 版 . 北京：电子工业出版社，2003.

[32] 王莉 . 航空航天器供电系统［M］. 北京：科学出版社，2018.

附录：
实例四旋翼飞行器数据和
运动方程

A.
四旋翼飞行器数据

① 全机质量：40.37kg。

② 几何尺寸（按附图1）：$x_1 = 0.52\text{m}$，$x_2 = 0.7107\text{m}$，$y_1 = 1.375\text{m}$，$y_2 = 1.126\text{m}$，$z_r = -0.1\text{m}$。

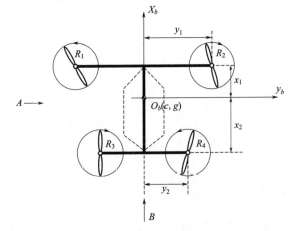

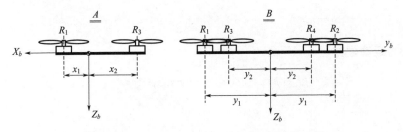

附图1　实例四旋翼飞行器几何尺寸

③ 旋翼（螺旋桨）：半径 $0.28\mathrm{m}$，拉力系数 $C_T = 0.1452$，转矩系数 $C_Q = 0.0115$，阻力系数 $C_{Dr} = 0.01$。

④ 全机转动惯量：

$$I_x = 13.59\mathrm{kg \cdot m^2}, \quad I_y = 9.052\mathrm{kg \cdot m^2}, \quad I_z = 21.238\mathrm{kg \cdot m^2}$$

$$I_{xy} = 0.508\mathrm{kg \cdot m^2}, \quad I_{xz} = 0.348\mathrm{kg \cdot m^2}, \quad I_{yz} = -0.118\mathrm{kg \cdot m^2}$$

$$I'_x = (I_x I_z - I_{xz}^2)/I_z = 13.5843\mathrm{kg \cdot m^2}$$

$$I'_z = (I_x I_z - I_{xz}^2)/I_x = 21.2291\mathrm{kg \cdot m^2}$$

$$I'_{xz} = I_{xz}/(I_x I_z - I_{xz}^2) = 1.2062 \times 10^{-3}\mathrm{kg \cdot m^2}$$

⑤ 电机外形尺寸：直径 $88.5\mathrm{mm} \times$ 高 $46.4\mathrm{mm}$。

⑥ 前飞时机体阻力系数：$f_{b0} = 0.309$，$C_{fa} = 0.37(1/\mathrm{rad})$。

⑦ 垂直飞行时机体阻力系数：$f_b = 4.0648$。

B.
悬停运动方程（海拔 0m）

B.1 非线性方程

(1) 力方程

$$\begin{cases} \dot{u} + wq - vr = -9.8\sin\theta \\ \dot{v} + ur - wp = 9.8\cos\theta\sin\phi \\ \dot{w} + vp - uq = -0.00043(n_1^2 + n_2^2 + n_3^2 + n_4^2) + 9.8\cos\theta\cos\phi \end{cases} \quad (\text{B-1})$$

(2) 力矩方程

$$\begin{cases} \dot{u} + wq - vr = -9.8\sin\theta \\ \dot{v} + ur - wp = 9.8\cos\theta\sin\phi \\ \dot{w} + vp - uq = -0.00043(n_1^2 + n_2^2 + n_3^2 + n_4^2) + 9.8\cos\theta\cos\phi \end{cases} \quad (\text{B-2})$$

(3) 运动学方程

$$\begin{cases} \dot{\phi} = p + (q\sin\phi + r\cos\phi)\tan\theta \\ \dot{\theta} = q\cos\phi - r\sin\phi \\ \dot{\psi} = (q\sin\phi + r\cos\phi)/\cos\theta \end{cases} \quad (\text{B-3})$$

$$\begin{cases} \dot{x}_e = (\cos\psi\cos\theta)u + (\cos\psi\sin\theta\sin\phi - \sin\psi\cos\phi)v \\ \qquad + (\cos\psi\sin\theta\cos\phi + \sin\psi\sin\phi)w \\ \dot{y}_e = (\sin\psi\cos\theta)u + (\sin\psi\sin\theta\sin\phi + \cos\psi\cos\phi)v \\ \qquad + (\sin\psi\sin\theta\cos\phi - \cos\psi\sin\phi)w \\ \dot{z}_e = (-\sin\theta)u + (\cos\theta\sin\phi)v + (\cos\theta\cos\phi)w \end{cases} \tag{B-4}$$

（4）几何关系方程

$$\begin{cases} \gamma = \theta \\ \chi = \psi \\ \mu = \phi \end{cases} \tag{B-5}$$

B.2 平衡方程和平衡点

（1）力平衡方程

$$\begin{cases} -9.8\sin\theta_0 = 0 \\ 9.8\cos\theta_0\sin\phi_0 = 0 \\ -0.00043(n_{10}^2 + n_{20}^2 + n_{30}^2 + n_{40}^2) + 9.8\cos\theta_0\cos\phi_0 = 0 \end{cases} \tag{B-6}$$

（2）力矩平衡方程

$$\begin{cases} 0.02405(n_{10}^2 - n_{20}^2) + 0.01969(n_{30}^2 - n_{40}^2) = 0 \\ 0.00909(n_{10}^2 + n_{20}^2) - 0.01243(n_{30}^2 + n_{40}^2) = 0 \\ 0.00078(n_{10}^2 - n_{20}^2 - n_{30}^2 + n_{40}^2) = 0 \end{cases} \tag{B-7}$$

（3）平衡点

在 $n_{10} = n_{20}$，$n_{30} = n_{40}$ 的条件下，从上述平衡方程中解出平衡点为 $\theta_0 = 0$，$\phi_0 = 0$，ψ_0 任意；$n_{10} = n_{20} = 81.1294 \text{r/s}$，$n_{30} = n_{40} = 69.3785 \text{r/s}$。

B.3 小扰动线性化方程

（1）纵向运动方程

$$\begin{bmatrix} \Delta\dot{u} \\ \Delta\dot{w} \\ \Delta\dot{q} \\ \Delta\dot{\theta} \end{bmatrix} = \begin{bmatrix} 0 & 0 & 0 & -9.8 \\ 0 & 0 & 0 & 0 \\ 0 & 0 & 0 & 0 \\ 0 & 0 & 1 & 0 \end{bmatrix} \begin{bmatrix} \Delta u \\ \Delta w \\ \Delta q \\ \Delta\theta \end{bmatrix}$$

$$+\begin{bmatrix} 0 & 0 & 0 & 0 \\ -0.07030 & -0.07030 & -0.06012 & -0.06012 \\ 0.16303 & 0.16303 & -0.19054 & -0.19054 \\ 0 & 0 & 0 & 0 \end{bmatrix}\begin{bmatrix} \Delta n_1 \\ \Delta n_2 \\ \Delta n_3 \\ \Delta n_4 \end{bmatrix} \qquad \text{(B-8)}$$

(2) 横侧向运动方程

$$\begin{bmatrix} \Delta\dot{v} \\ \Delta\dot{p} \\ \Delta\dot{r} \\ \Delta\dot{\phi} \end{bmatrix} = \begin{bmatrix} 0 & 0 & 0 & 9.8 \\ 0 & 0 & 0 & 0 \\ 0 & 0 & 0 & 0 \\ 0 & 1 & 0 & 0 \end{bmatrix}\begin{bmatrix} \Delta v \\ \Delta p \\ \Delta r \\ \Delta\phi \end{bmatrix}$$

$$+\begin{bmatrix} 0 & 0 & 0 & 0 \\ 0.28720 & -0.28720 & 0.20120 & -0.20120 \\ 0.01379 & -0.01379 & -0.00486 & 0.00486 \\ 0 & 0 & 0 & 0 \end{bmatrix}\begin{bmatrix} \Delta n_1 \\ \Delta n_2 \\ \Delta n_3 \\ \Delta n_4 \end{bmatrix}$$

$$\text{(B-9)}$$

(3) 运动学方程

$$\begin{cases} \Delta\dot{\phi} = \Delta p \\ \Delta\dot{\theta} = \Delta q \\ \Delta\dot{\psi} = \Delta r \end{cases} \qquad \text{(B-10)}$$

$$\begin{cases} \Delta\dot{x}_e = \Delta u \\ \Delta\dot{y}_e = \Delta v \\ \Delta\dot{z}_e = \Delta w \end{cases} \qquad \text{(B-11)}$$

(4) 几何关系方程

$$\begin{cases} \Delta\gamma = \Delta\theta \\ \Delta\chi = \Delta\psi \\ \Delta\mu = \Delta\phi \end{cases} \qquad \text{(B-12)}$$

B.4 传递函数数学模型

B.4.1 纵向俯仰运动传递函数

(1) 俯仰操纵条件

$$\Delta n_1 = \Delta n_2, \Delta n_3 = \Delta n_4 \qquad \text{(B-13)}$$

（2）定义输入

$$\Delta n_e = \Delta n_1 - 1.1687\Delta n_3 \tag{B-14}$$

（3）俯仰姿态对输入 Δn_e 的传递函数

$$\frac{\Delta q}{\Delta n_e} = \frac{0.3261}{s} \tag{B-15}$$

$$\frac{\Delta \theta}{\Delta n_e} = \frac{0.3261}{s^2} \tag{B-16}$$

（4）机体轴速度对输入 Δn_e 的传递函数

$$\frac{\Delta u}{\Delta n_e} = -\frac{3.1954}{s^3} \tag{B-17}$$

B.4.2 纵向垂直运动传递函数

（1）垂直运动操纵条件和输入

$$\Delta n_2 = \Delta n_1, \Delta n_3 = \Delta n_4 = 0.8556\Delta n_1 \tag{B-18}$$

定义输入为 Δn_1。

（2）垂直速度 Δw 对输入 Δn_1 的传递函数

$$\frac{\Delta w}{\Delta n_1} = -\frac{0.2435}{s} \tag{B-19}$$

B.4.3 横侧向滚转运动传递函数

（1）滚转操纵条件

$$\begin{cases} 向右滚转时：\Delta n_3 = 0.8556\Delta n_1 \\ 向左滚转时：\Delta n_4 = 0.8556\Delta n_2 \end{cases} \tag{B-20}$$

（2）定义输入

$$\Delta n_a = \Delta n_1 - \Delta n_2 \tag{B-21}$$

（3）滚转姿态对输入 Δn_a 的传递函数

$$\frac{\Delta p}{\Delta n_a} = \frac{0.4594}{s} \tag{B-22}$$

$$\frac{\Delta \phi}{\Delta n_a} = \frac{0.4594}{s^2} \tag{B-23}$$

（4）机体 $O_b x_b$ 轴速度 Δv 对输入 Δn_a 的传递函数

$$\frac{\Delta v}{\Delta n_a} = \frac{4.5016}{s^3} \tag{B-24}$$

B. 4. 4 横侧航向运动传递函数

(1) 航向操纵条件

$$\begin{cases} \text{向右偏航时}: \Delta n_4 = 0.8556 \Delta n_1 \\ \text{向左偏航时}: \Delta n_3 = 0.8556 \Delta n_2 \end{cases} \tag{B-25}$$

(2) 定义输入

$$\Delta n_r = \Delta n_1 - \Delta n_2 \tag{B-26}$$

(3) 航向姿态对输入 Δn_r 的传递函数

$$\frac{\Delta r}{\Delta n_r} = \frac{0.0179}{s} \tag{B-27}$$

$$\frac{\Delta \psi}{\Delta n_r} = \frac{0.0179}{s^2} \tag{B-28}$$

C.
垂直飞行运动方程（海拔 0m，垂直升降速度 $w_0 = \pm 5m/s$）

C. 1 垂直运动状态及说明

设四旋翼飞行器以匀速 $w_0 = \pm 5m/s$ 进行垂直飞行，其中符号"＋"表示飞向地面的下降运动，"－"表示离开地面的上升运动。此时的飞行阻力均为 $D_{w0} = 62.24479N$。

垂直运动时，无论是非线性运动方程还是小扰动线性方程，与悬停状态的数学模型相比较而言，只有力方程中关于垂直速度的方程有差异，其余均相同。以下仅列出不同的部分，相同部分见悬停状态数学模型。

C. 2 非线性运动方程

$$\begin{cases} \dot{u} + wq - vr = -9.8\sin\theta \\ \dot{v} + ur - wp = 9.8\cos\theta\sin\phi \\ \dot{w} + vp - uq = -0.00043(n_1^2 + n_2^2 + n_3^2 + n_4^2) + 9.8\cos\theta\cos\phi \pm 0.06167w^2 \end{cases}$$

$$\tag{C-1}$$

式中，符号"±"，下降时取"＋"，上升时取"－"。

C.3 平衡方程和平衡点

(1) 力平衡方程

$$\begin{cases} -9.8\sin\theta_0 = 0 \\ 9.8\cos\theta_0\sin\phi_0 = 0 \\ -0.00043(n_{10}^2 + n_{20}^2 + n_{30}^2 + n_{40}^2) + 9.8\cos\theta_0\cos\phi_0 \pm 0.06167w^2 = 0 \end{cases} \tag{C-2}$$

(2) 力矩平衡方程

$$\begin{cases} 0.02405(n_{10}^2 - n_{20}^2) + 0.01969(n_{30}^2 - n_{40}^2) = 0 \\ 0.00909(n_{10}^2 + n_{20}^2) - 0.01243(n_{30}^2 + n_{40}^2) = 0 \\ 0.00078(n_{10}^2 - n_{20}^2 - n_{30}^2 + n_{40}^2) = 0 \end{cases} \tag{C-3}$$

(3) 平衡点

在 $n_{10} = n_{20}$、$n_{30} = n_{40}$ 的条件下，从上述方程中解出平衡点为 $\theta_0 = 0$、$\phi_0 = 0$、ψ_0 任意。

① 以 $w_0 = -5\text{m/s}$ 上升时：$n_{10} = n_{20} = 87.2781\text{r/s}$，$n_{30} = n_{40} = 74.6366\text{r/s}$。

② 以 $w_0 = +5\text{m/s}$ 下降时：$n_{10} = n_{20} = 74.4748\text{r/s}$，$n_{30} = n_{40} = 63.6877\text{r/s}$。

C.4 小扰动线性化运动方程（以 $w_0 = -5\text{m/s}$ 上升）

(1) 纵向运动方程

$$\begin{bmatrix} \Delta\dot{u} \\ \Delta\dot{w} \\ \Delta\dot{q} \\ \Delta\dot{\theta} \end{bmatrix} = \begin{bmatrix} 0 & 0 & 0 & -9.8 \\ 0 & 0.61674 & 0 & 0 \\ 0 & 0 & 0 & 0 \\ 0 & 0 & 1 & 0 \end{bmatrix} \begin{bmatrix} \Delta u \\ \Delta w \\ \Delta q \\ \Delta\theta \end{bmatrix}$$

$$+ \begin{bmatrix} 0 & 0 & 0 & 0 \\ -0.07563 & -0.07563 & -0.06467 & -0.06467 \\ 0.17538 & 0.17538 & -0.20498 & -0.20498 \\ 0 & 0 & 0 & 0 \end{bmatrix} \begin{bmatrix} \Delta n_1 \\ \Delta n_2 \\ \Delta n_3 \\ \Delta n_4 \end{bmatrix}$$

$$\tag{C-4}$$

(2) 横侧向运动方程

$$
\begin{bmatrix} \Delta \dot{v} \\ \Delta \dot{p} \\ \Delta \dot{r} \\ \Delta \dot{\phi} \end{bmatrix} = \begin{bmatrix} 0 & 0 & 0 & 9.8 \\ 0 & 0 & 0 & 0 \\ 0 & 0 & 0 & 0 \\ 0 & 1 & 0 & 0 \end{bmatrix} \begin{bmatrix} \Delta v \\ \Delta p \\ \Delta r \\ \Delta \phi \end{bmatrix}
$$

$$
+ \begin{bmatrix} 0 & 0 & 0 & 0 \\ 0.30896 & -0.30896 & 0.21645 & -0.21645 \\ 0.01484 & -0.01484 & -0.00522 & 0.00522 \\ 0 & 0 & 0 & 0 \end{bmatrix} \begin{bmatrix} \Delta n_1 \\ \Delta n_2 \\ \Delta n_3 \\ \Delta n_4 \end{bmatrix}
$$

$$(C-5)$$

(3) 其余方程同悬停状态。

C.5 传递函数数学模型（以 $w_0 = -5\text{m/s}$ 上升）

C.5.1 纵向俯仰运动传递函数

(1) 俯仰操纵条件

$$\Delta n_1 = \Delta n_2 , \Delta n_3 = \Delta n_4 \tag{C-6}$$

(2) 定义输入

$$\Delta n_e = \Delta n_1 - 1.1688 \Delta n_3 \tag{C-7}$$

(3) 俯仰姿态对输入 Δn_e 的传递函数

$$\frac{\Delta q}{\Delta n_e} = \frac{0.3508}{s} \tag{C-8}$$

$$\frac{\Delta \theta}{\Delta n_e} = \frac{0.350}{s^2} \tag{C-9}$$

(4) 机体 $O_b x_b$ 轴速度 Δu 对输入 Δn_e 的传递函数

$$\frac{\Delta u}{\Delta n_e} = -\frac{3.4374}{s^3} \tag{C-10}$$

C.5.2 纵向垂直运动传递函数

(1) 垂直运动操纵条件和输入

$$\Delta n_2 = \Delta n_1 , \Delta n_3 = \Delta n_4 = 0.8556 \Delta n_1 \tag{C-11}$$

定义输入为 Δn_1。

（2） 垂直运动对输入 Δn_1 的传递函数

$$\frac{\Delta w}{\Delta n_1} = -\frac{0.2619}{s - 0.6167} \tag{C-12}$$

$$\frac{\Delta H}{\Delta n_1} = \frac{0.2619}{s(s - 0.6167)} \tag{C-13}$$

C.5.3　横侧向滚转运动传递函数

（1） 滚转操纵条件

$$\begin{cases} 向右滚转时:\Delta n_3 = 0.8556\Delta n_1 \\ 向左滚转时:\Delta n_4 = 0.8556\Delta n_2 \end{cases} \tag{C-14}$$

（2） 定义输入

$$\Delta n_a = \Delta n_1 - \Delta n_2 \tag{C-15}$$

（3） 滚转姿态和侧向速度对输入 Δn_a 的传递函数

$$\frac{\Delta p}{\Delta n_a} = \frac{0.4942}{s} \tag{C-16}$$

$$\frac{\Delta \phi}{\Delta n_a} = \frac{0.4942}{s^2} \tag{C-17}$$

$$\frac{\Delta v}{\Delta n_a} = \frac{4.8427}{s^3} \tag{C-18}$$

C.5.4　横侧航向运动传递函数

（1） 航向操纵条件

$$\begin{cases} 向右偏航时:\Delta n_4 = 0.8556\Delta n_1 \\ 向左偏航时:\Delta n_3 = 0.8556\Delta n_2 \end{cases} \tag{C-19}$$

（2） 定义输入

$$\Delta n_r = \Delta n_1 - \Delta n_2 \tag{C-20}$$

（3） 航向姿态对输入 Δn_r 的传递函数

$$\frac{\Delta r}{\Delta n_r} = \frac{0.0193}{s} \tag{C-21}$$

$$\frac{\Delta \psi}{\Delta n_r} = \frac{0.0193}{s^2} \tag{C-22}$$

C.6 小扰动线性化运动方程（以 $w_0 = +5\text{m/s}$ 下降）

（1）纵向运动方程

$$\begin{bmatrix} \Delta \dot{u} \\ \Delta \dot{w} \\ \Delta \dot{q} \\ \Delta \dot{\theta} \end{bmatrix} = \begin{bmatrix} 0 & 0 & 0 & -9.8 \\ 0 & -0.61674 & 0 & 0 \\ 0 & 0 & 0 & 0 \\ 0 & 0 & 1 & 0 \end{bmatrix} \begin{bmatrix} \Delta u \\ \Delta w \\ \Delta q \\ \Delta \theta \end{bmatrix}$$

$$+ \begin{bmatrix} 0 & 0 & 0 & 0 \\ -0.06453 & -0.06453 & -0.05518 & -0.05518 \\ 0.14965 & 0.14965 & -0.17491 & -0.17491 \\ 0 & 0 & 0 & 0 \end{bmatrix} \begin{bmatrix} \Delta n_1 \\ \Delta n_2 \\ \Delta n_3 \\ \Delta n_4 \end{bmatrix}$$

（C-23）

（2）横侧向运动方程

$$\begin{bmatrix} \Delta \dot{v} \\ \Delta \dot{p} \\ \Delta \dot{r} \\ \Delta \dot{\phi} \end{bmatrix} = \begin{bmatrix} 0 & 0 & 0 & 9.8 \\ 0 & 0 & 0 & 0 \\ 0 & 0 & 0 & 0 \\ 0 & 1 & 0 & 0 \end{bmatrix} \begin{bmatrix} \Delta v \\ \Delta p \\ \Delta r \\ \Delta \phi \end{bmatrix}$$

$$+ \begin{bmatrix} 0 & 0 & 0 & 0 \\ 0.26364 & -0.26364 & 0.18469 & -0.8469 \\ 0.01266 & -0.01266 & -0.00446 & 0.00446 \\ 0 & 0 & 0 & 0 \end{bmatrix} \begin{bmatrix} \Delta n_1 \\ \Delta n_2 \\ \Delta n_3 \\ \Delta n_4 \end{bmatrix}$$

（C-24）

（3）其余同悬停状态

C.7 传递函数数学模型（以 $w_0 = +5\text{m/s}$ 下降）

C.7.1 纵向俯仰运动传递函数

（1）俯仰操纵条件

$$\Delta n_1 = \Delta n_2, \Delta n_3 = \Delta n_4 \tag{C-25}$$

（2）定义输入

$$\Delta n_e = \Delta n_1 - 1.1989\Delta n_3 \tag{C-26}$$

(3)俯仰姿态对输入 Δn_e 的传递函数

$$\frac{\Delta q}{\Delta n_e} = \frac{0.2993}{s} \tag{C-27}$$

$$\frac{\Delta \theta}{\Delta n_e} = \frac{0.2993}{s^2} \tag{C-28}$$

(4)机体轴速度对输入 Δn_e 的传递函数

$$\frac{\Delta u}{\Delta n_e} = -\frac{2.9331}{s^3} \tag{C-29}$$

C.7.2 纵向垂直运动传递函数

(1)垂直运动操纵条件和输入

$$\Delta n_2 = \Delta n_1, \Delta n_3 = \Delta n_4 = 0.8341 \Delta n_1 \tag{C-30}$$

定义输入为 Δn_1。

(2)垂直运动对输入 Δn_1 的传递函数

$$\frac{\Delta w}{\Delta n_1} = -\frac{0.2211}{s + 0.6167} \tag{C-31}$$

$$\frac{\Delta H}{\Delta n_1} = \frac{0.2211}{s(s + 0.6167)} \tag{C-32}$$

C.7.3 横侧向滚转运动传递函数

(1)滚转操纵条件

$$\begin{cases} 向右滚转时: \Delta n_3 = 0.8341 \Delta n_1 \\ 向左滚转时: \Delta n_4 = 0.8341 \Delta n_2 \end{cases} \tag{C-33}$$

(2)定义输入

$$\Delta n_a = \Delta n_1 - \Delta n_2 \tag{C-34}$$

(3)滚转姿态和侧向速度对输入 Δn_a 的传递函数

$$\frac{\Delta p}{\Delta n_a} = \frac{0.4177}{s} \tag{C-35}$$

$$\frac{\Delta \phi}{\Delta n_a} = \frac{0.4177}{s^2} \tag{C-36}$$

$$\frac{\Delta v}{\Delta n_a} = \frac{4.0934}{s^3} \tag{C-37}$$

C.7.4 横侧航向运动传递函数

(1)航向操纵条件

$$\begin{cases} 向右偏航时: \Delta n_4 = 0.8341 \Delta n_1 \\ 向左偏航时: \Delta n_3 = 0.8341 \Delta n_2 \end{cases} \tag{C-38}$$

（2）定义输入

$$\Delta n_r = \Delta n_1 - \Delta n_2 \tag{C-39}$$

（3）航向姿态对输入 Δn_r 的传递函数

$$\frac{\Delta r}{\Delta n_r} = \frac{0.0164}{s} \tag{C-40}$$

$$\frac{\Delta \psi}{\Delta n_r} = \frac{0.0164}{s^2} \tag{C-41}$$

D.
前飞运动方程（海拔 0m，前飞速度 $V_0 = 30$m/s）

D.1 非线性方程

（1）力方程

$$\begin{cases} \dot{V} = -(0.00043\sin\alpha\cos\beta + 0.00003\cos\alpha\cos\beta)(n_1^2 + n_2^2 + n_3^2 + n_4^2) \\ \qquad -0.00469V^2 - 9.8\sin\gamma \\ Vr_a = (0.00043\sin\alpha\sin\beta + 0.00003\cos\alpha\sin\beta)(n_1^2 + n_2^2 + n_3^2 + n_4^2) + 9.8\cos\gamma\sin\mu \\ -Vq_a = (-0.00043\cos\alpha + 0.00003\sin\alpha)(n_1^2 + n_2^2 + n_3^2 + n_4^2) + 9.8\cos\gamma\cos\mu \end{cases}$$

$$\tag{D-1}$$

（2）力矩方程

$$\begin{cases} 13.59\dot{p} - 0.348\dot{r} + 12.186qr - 0.348pq = 0.02405(n_1^2 - n_2^2) + 0.01969(n_3^2 - n_4^2) \\ 9.052\dot{q} - 7.648pr + 0.348(p^2 - r^2) = 0.00909(n_1^2 + n_2^2) - 0.01231(n_3^2 + n_4^2) \\ 21.238\dot{r} - 0.348\dot{p} - 4.538pq + 0.348qr = -0.00087(n_1^2 - n_2^2) - 0.00213(n_3^2 - n_4^2) \end{cases}$$

$$\tag{D-2}$$

（3）运动学方程

$$\begin{cases} \dot{\mu} = p_a + (q_a\sin\mu + r_a\cos\mu)\tan\gamma \\ \dot{\gamma} = q_a\cos\mu - r_a\sin\mu \\ \dot{\chi} = (q_a\sin\mu + r_a\cos\mu)/\cos\gamma \end{cases} \tag{D-3}$$

$$\begin{cases} \dot{\phi} = p + (q\sin\phi + r\cos\phi)\tan\theta \\ \dot{\theta} = q\cos\phi - r\sin\phi \\ \dot{\psi} = (q\sin\phi + r\cos\phi)/\cos\theta \end{cases} \tag{D-4}$$

$$\begin{cases} \dot{\alpha} = q - q_a \sec\beta - (p\cos\alpha + r\sin\alpha)\tan\beta \\ \dot{\beta} = r_a + p\sin\alpha - r\cos\alpha \\ p_a = (q - \dot{\alpha})\sin\beta + (p\cos\alpha + r\sin\alpha)\cos\beta \end{cases} \tag{D-5}$$

$$\begin{cases} \dot{x}_e = V\cos\chi\cos\gamma \\ \dot{y}_e = V\sin\chi\cos\gamma \\ \dot{z}_e = -V\sin\gamma \end{cases} \tag{D-6}$$

(4) 几何关系方程

$$\begin{cases} \sin\gamma = \cos\alpha\cos\beta\sin\theta - (\sin\alpha\cos\beta\cos\phi + \sin\beta\sin\phi)\cos\theta \\ \sin\chi\cos\gamma = \cos\alpha\cos\beta\cos\theta\sin\psi + (\sin\psi\sin\theta\cos\phi - \cos\psi\sin\phi)\sin\alpha\cos\beta \\ \qquad\qquad + \sin\beta(\sin\phi\sin\theta\sin\psi + \cos\psi\cos\phi) \\ \sin\mu\cos\gamma = \cos\alpha\sin\beta\sin\theta - (\sin\alpha\sin\beta\cos\phi - \cos\beta\sin\phi)\cos\theta \end{cases} \tag{D-7}$$

D.2 平衡方程和平衡点

(1) 力平衡方程

$$\begin{cases} -(0.00043\sin\alpha\cos\beta + 0.00003\cos\alpha\cos\beta)(n_1^2 + n_2^2 + n_3^2 + n_4^2) - 0.00469V^2 - 9.8\sin\gamma = 0 \\ (0.00043\sin\alpha\sin\beta + 0.00003\cos\alpha\sin\beta)(n_1^2 + n_2^2 + n_3^2 + n_4^2) + 9.8\cos\gamma\sin\mu = 0 \\ (-0.00043\cos\alpha + 0.00003\sin\alpha)(n_1^2 + n_2^2 + n_3^2 + n_4^2) + 9.8\cos\gamma\cos\mu = 0 \end{cases}$$

$$\tag{D-8}$$

(2) 力矩平衡方程

$$\begin{cases} 0.02405(n_1^2 - n_2^2) + 0.01969(n_3^2 - n_4^2) = 0 \\ 0.00909(n_1^2 + n_2^2) - 0.01231(n_3^2 + n_4^2) = 0 \\ -0.00087(n_1^2 - n_2^2) - 0.00213(n_3^2 - n_4^2) = 0 \end{cases} \tag{D-9}$$

(3) 前飞速度和基准运动条件

以速度 $V_0 = 30\text{m/s}$ 进行定常直线水平前飞作为基准运动时，可设 $\beta_0 = 0$，$\gamma_0 = 0$，$\alpha_0 = \theta_0$，$\mu_0 = 0$，同时基准运动时的旋翼转速满足 $n_{10} = n_{20}$ 和 $n_{30} = n_{40}$。

(4) 平衡点

在 $n_{10} = n_{20}$，$n_{30} = n_{40}$ 的条件下，从上述平衡方程中解出平衡点为 $\alpha_0 = \theta_0 = -27.3°$，阻升角 $\varepsilon = 4°$，$n_{10} = n_{20} = 84.3792\text{r/s}$，$n_{30} = n_{40} = 72.5084\text{r/s}$。

D.3 小扰动线性化方程

（1）纵向运动方程

$$\begin{bmatrix} \Delta\dot{V} \\ \Delta\dot{\alpha} \\ \Delta\dot{q} \\ \Delta\dot{\theta} \end{bmatrix} = \begin{bmatrix} -0.28130 & -5.12008 & 0 & -9.8 \\ 0 & -0.14207 & 1 & 0 \\ 0 & 0 & 0 & 0 \\ 0 & 0 & 1 & 0 \end{bmatrix} \begin{bmatrix} \Delta V \\ \Delta\alpha \\ \Delta q \\ \Delta\theta \end{bmatrix}$$

$$+ \begin{bmatrix} 0.01430 & 0.01430 & 0.01238 & 0.01238 \\ -0.04544 & -0.04544 & -0.03931 & -0.03931 \\ 0.17080 & 0.17080 & -0.19801 & -0.19801 \\ 0 & 0 & 0 & 0 \end{bmatrix} \begin{bmatrix} \Delta n_1 \\ \Delta n_2 \\ \Delta n_3 \\ \Delta n_4 \end{bmatrix}$$

$$\text{(D-10)}$$

（2）横侧向运动方程

$$\begin{bmatrix} \Delta\dot{\beta} \\ \Delta\dot{p} \\ \Delta\dot{r} \\ \Delta\dot{\phi} \\ \Delta\dot{\psi} \end{bmatrix} = \begin{bmatrix} -0.14207 & -0.45849 & -0.88870 & 0.32667 & 0 \\ 0 & 0 & 0 & 0 & 0 \\ 0 & 0 & 0 & 0 & 0 \\ 0 & 1 & -0.51592 & 0 & 0 \\ 0 & 0 & 1.12524 & 0 & 0 \end{bmatrix} \begin{bmatrix} \Delta\beta \\ \Delta p \\ \Delta r \\ \Delta\phi \\ \Delta\psi \end{bmatrix}$$

$$+ \begin{bmatrix} 0 & 0 & 0 & 0 \\ 0.29785 & -0.29785 & 0.21111 & -0.21111 \\ -0.00168 & 0.00168 & -0.00364 & 0.00364 \\ 0 & 0 & 0 & 0 \\ 0 & 0 & 0 & 0 \end{bmatrix} \begin{bmatrix} \Delta n_1 \\ \Delta n_2 \\ \Delta n_3 \\ \Delta n_4 \end{bmatrix}$$

$$\text{(D-11)}$$

（3）运动学方程

$$\begin{cases} \Delta\dot{\phi} = \Delta p - 0.51592\Delta r \\ \Delta\dot{\theta} = \Delta q \\ \Delta\dot{\psi} = 1.12524\Delta r \end{cases} \qquad \text{(D-12)}$$

$$\begin{cases} \Delta\dot{\mu} = \Delta p_a \\ \Delta\dot{\gamma} = \Delta q_a \\ \Delta\dot{\chi} = \Delta r_a \end{cases} \qquad \text{(D-13)}$$

$$\begin{cases} \Delta\dot{x}_e = \Delta V \\ \Delta\dot{y}_e = V_0\Delta\chi \\ \Delta\dot{z}_e = -V_0\Delta\gamma \end{cases} \tag{D-14}$$

（4）几何关系方程

$$\begin{cases} \Delta\gamma = \Delta\theta - \Delta\alpha \\ \Delta\chi = \Delta\psi + \Delta\beta + 0.45849\Delta\phi \\ \Delta\mu = 0.8887\Delta\phi \end{cases} \tag{D-15}$$

（5）基准运动几何关系方程

$$\begin{cases} \gamma_0 = \theta_0 - \alpha_0 \\ \chi_0 = \psi_0 \\ \mu_0 = 0 \end{cases} \tag{D-16}$$

注：在以上公式中假设 $\psi_0 = 0$，$\chi_0 = 0$，这并不失一般性。

D.4 传递函数数学模型（前飞）

D.4.1 纵向俯仰运动传递函数

（1）俯仰操纵条件

$$\Delta n_1 = \Delta n_2, \Delta n_3 = \Delta n_4 \tag{D-17}$$

（2）定义输入

$$\Delta n_e = \Delta n_1 - 1.1593\Delta n_3 \tag{D-18}$$

（3）俯仰姿态对输入 Δn_e 的传递函数

$$\frac{\Delta q}{\Delta n_e} = \frac{0.3416}{s} \tag{D-19}$$

$$\frac{\Delta\theta}{\Delta n_e} = \frac{0.3416}{s^2} \tag{D-20}$$

$$\frac{\Delta\alpha}{\Delta n_e} = \frac{0.3416}{s^2 + 0.1421s} \tag{D-21}$$

（4）前飞速度 ΔV 对输入 Δn_e 的传递函数

$$\frac{\Delta V}{\Delta n_e} = -\frac{0.5097s + 0.4756}{s^2(s^2 + 0.4234s + 0.03996)} \tag{D-22}$$

D.4.2 纵向垂直运动传递函数

(1) 垂直运动操纵条件和输入

$$\Delta n_2 = \Delta n_1, \Delta n_3 = \Delta n_4 = 0.8623\Delta n_1 \tag{D-23}$$

定义输入为 Δn_1。

(2) 垂直速度对输入 Δn_1 的传递函数

$$\frac{\Delta \dot{H}}{\Delta n_1} = \frac{4.761}{s^2 + 0.1421s} \tag{D-24}$$

(3) 迎角对输入 Δn_1 的传递函数

$$\frac{\Delta \alpha}{\Delta n_1} = -\frac{0.1587}{s + 0.1421} \tag{D-25}$$

(4) 速度对输入 Δn_1 的传递函数

$$\frac{\Delta V}{\Delta n_1} = -\frac{0.04996s + 0.8196}{s^2 + 0.4234s + 0.03996} \tag{D-26}$$

D.4.3 横侧向滚转运动传递函数

(1) 滚转操纵条件

$$\begin{cases} 向右滚转时:\Delta n_3 = 0.8623\Delta n_1 \\ 向左滚转时:\Delta n_4 = 0.8623\Delta n_2 \end{cases} \tag{D-27}$$

(2) 定义输入

$$\Delta n_a = \Delta n_1 - \Delta n_2 \tag{D-28}$$

(3) 滚转姿态对输入 Δn_a 的传递函数

$$\frac{\Delta p}{\Delta n_a} = \frac{0.4799}{s} \tag{D-29}$$

$$\frac{\Delta \phi}{\Delta n_a} = \frac{0.4799}{s^2} \tag{D-30}$$

(4) 侧滑角对输入 Δn_a 的传递函数

$$\frac{\Delta \beta}{\Delta n_a} = -\frac{0.2201s - 0.1568}{s^2(s + 0.1421)} \tag{D-31}$$

(5) 航向对输入 Δn_a 的交叉耦合传递函数

$$\frac{\Delta r}{\Delta n_a} = 0 \tag{D-32}$$

D.4.4 横侧航向运动传递函数

(1) 航向操纵条件

$$\begin{cases} \text{向右偏航时}: \Delta n_4 = 0.8623 \Delta n_1 \\ \text{向左偏航时}: \Delta n_3 = 0.8623 \Delta n_2 \end{cases} \tag{D-33}$$

(2) 定义输入

$$\Delta n_r = \Delta n_1 - \Delta n_2 \tag{D-34}$$

(3) 航向姿态对输入 Δn_r 的传递函数

$$\frac{\Delta r}{\Delta n_r} = \frac{0.00482}{s} \tag{D-35}$$

$$\frac{\Delta \psi}{\Delta n_r} = \frac{0.00482}{s^2} \tag{D-36}$$

(4) 侧滑角对输入 Δn_r 的传递函数

$$\frac{\Delta \beta}{\Delta n_r} = -\frac{0.004283(s+0.1897)}{s^2(s+0.1421)} \tag{D-37}$$

(5) 滚转角对输入 Δn_r 的交叉耦合传递函数

$$\frac{\Delta p}{\Delta n_r} = 0 \tag{D-38}$$